Rules

A Sudoku grid consists of 9x9 cells and the cells are divided into 3x3 boxes. The goal is to fill in the empty cells so that **each row, each column and each 3x3 box** has no repeat digits from 1 to 9.

Here is an example of a solved puzzle:

4	8	9	7	5	6	1	2	3
6	3	2	9	8	1	7	5	4
7	5	1	3	2	4	8	9	6
2	1	3	8	6	9	4	7	5
8	7	5	1	4	3	9	6	2
9	4	6	2	7	5	3	8	1
5	2	7	4	1	8	6	3	9
1	9	8	6	3	2	5	4	7
3	6	4	5	9	7	2	1	8

P.S. If you have a moment, your review on Amazon would be appreciated.

HARD - 1

	9				1		3	
				5		7		
			3					
	8	7				4	2	
9				3				8
	4	5						
		4	9		6			
		6	1		8	3		
8	7			4	3			1

HARD - 2

9	3		8	6	4		2	
1					3			
7		8	5					
				8	9	5		
4				2	7		9	1
							7	6
	7				2	4	8	
8								
			7	5	8			9

HARD - 3

		7					4	
9						7		5
	3				2		8	
	1			7		6		2
			8	1	3			
	5			9		8	1	
			3					
	6	5	4	2		1		
			1	8	7			

HARD - 4

		7		1	3			
	3						7	
4								1
					5	6		3
5							9	2
9		8						4
	4				9		6	
	8		1	5	2		4	
		5		6	4	1		8

HARD - 5

					5	4	3	
7							6	
			3	7				
3	6	5	7		4		9	
					1		2	
1				9	3			
		9			2			6
5		4		3				
6			9		8	2		5

HARD - 6

4	6				8		1	
8	3		6	5		4		
7				9				
9			2		5	7	4	
		8		7				9
				8		1		
5	4	3					9	6
1								4

HARD - 7

				8	9	6	2	
						7		9
		3	6		4			
8							9	7
3	4			5				
9				1	3		8	
6				4		1		
	1	8	2				6	

HARD - 8

5						7	1	
1	3					8	4	
			1		4			9
4		9			1	3	5	
	6		9					4
			8		5			
	4		5				6	
		6	3	2				
				1				7

HARD - 9

		8		7		6		1
9							3	
4		5		1		8		
		9	6		8			3
7	8							6
	4				1			
	2			8	3			
							5	8
	7		4	9	5		6	

HARD - 10

		4	8	5		3		
	5			9	1		7	
		1					6	
8		2						4
			2	3		9	8	1
	4				8		5	
2		8					9	
	1		3					

HARD - 11

				6	4		3	7
			8				5	
				2				
7		5				1		
8			3			5		
2	9	3				4	6	8
	6			5		7		
		1			2			9
	3				8			

HARD - 12

1	3	2		9		5	8	
				5	1	2		
		7	8		2			3
		4			8			1
7					3			
	5	3		1				
3						4		2
				6		7		
2		5				8		6

HARD - 13

						9	5	8
	4	2		3			6	7
				7	8		3	
	5						8	
7		1		2				
		3			6	7		
	3			5			2	9
2			8	9			7	
		9		1				

HARD - 14

		3			6		4	9
					9			
		9				5	6	7
			9			2		
	7	6					1	
		2	8				9	6
4	2			9			8	3
			2	7	8			
	6		1	4				

HARD - 15

		8		7	1			
9				8	5			
						5		2
8	6		5				7	
	3	9	8			6		
				9	6			
	9			2				7
	8	2	9				6	4
3	5					8		

HARD - 16

			2				4	
	4		5				1	
6	5				3		2	
1				7		5		
9						8		
5			3	4				6
8		2	7		1			3
	7		8	6				

HARD - 17

6						4		2
	7	4						
1		2		5		9		
			8			3	9	5
7		3	2					8
	8				6			1
		6		8	5		3	
3		7		1				
8							2	

HARD - 18

2						8	4	6
						9	3	
		8		5				
	2	9	4			1	5	7
1	4		2	7			8	
7	8			9			2	
			7		2			
9				6		7		
		1						

HARD - 19

	6	4	1	8	5	9		3
	5		9	6		8	2	
8		9		3		1		
	9	7		2			5	
	1		6					
	2							
6				7	2			1
			4	1			8	

HARD - 20

5	2	9	3					
							1	7
1		8				2	3	
		6			3	1	7	
			1	8				9
2		5					8	
8	4							
					9			2
		3	2			6		

HARD - 21

		8	5				7	
7		4		3			9	
5			9					
2		5		7				
				2	8	7		
			4	5		3		6
	8					6		
		7	8		4			
		9				2	1	

HARD - 22

	5		3			4	6	
3	8			7				
	6	2	5					
2				1				6
	7			2			1	
	3							
		9	2			6		7
		6			8		5	1
				5				

HARD - 23

					7	6	3	
		3	5	6				
6	9				3	2	5	
		4		5	9			
		1						7
			4		8		9	
7					6	3	4	
5						7	1	
1			3					2

HARD - 24

5					2	9	3	
6		9		3		2		
	7		8					
	2				5			3
1		6					8	
					6		9	4
			1					6
		2			4			
	1			7	3	4		

HARD - 25

1					2			
	8	9				4		
		3						
				9				
9			3	2		5	8	
5		4		6			1	3
		6					4	1
8			1			2		
			7	8	6			

HARD - 26

8				3		7		
1	3							6
5	4		2					8
			8				2	
		1		4				
	2		1	5	7		8	
	5		4		8		1	9
2							5	
			9					7

HARD - 27

8			7				3	9
5				3			4	
			6			8		
3				4	9			2
	4		3			1		
			2					
1	9					2		
	6		8	9				
		8		5	6			

HARD - 28

	9	3		4	6		5	
	5			3		2	7	
1	2							6
2	4	9			7			1
3		1						
				6	2		9	
	3					8		
		8	7					
		2			4		1	

HARD - 29

8					2			3
3				7				
4						7	1	
	8	2			4			6
	6			1	8			
1				2	9			4
		9		8				
			3		6	8		
			1		5	3		

HARD - 30

	4				1			
	2					5	1	4
1			3			8		
5							4	7
						3		
	1	7					8	6
			6	9	2			
		5		4	3		7	
					8	1		

HARD - 31

	6			7	5	2		
		5				8	7	9
	7		1					
8	4		6	9			1	
6	3							
	5	1	8	3				
				1			2	
3					7		4	
				4			5	

HARD - 32

9			2	8		1	6	
1		3	5		9	7	4	2
				7	4			
				1		6		
		5			8	9	2	
			7					
	4		8		7		9	
3		9		4	1			

HARD - 33

		4			7			
6						1		
5	8	2	9	3				
						8	5	
		8		6				
	9	6			4			1
			3	7				
		5	4		6		1	7
	7			5		6		

HARD - 34

	5	3	6				4	
1		6		8	4	3	2	
		7					6	
				9			1	
7			1			6		9
	2	1		7		5		
		8			1			
	4		7		8			
				6				

HARD - 35

							1	
7					8	4	5	3
		2	1					9
		3		7				
	5		3		4		8	
	4							7
4	2			1	5	7		
	7	5					2	
8	6		7				4	

HARD - 36

					3			
1	9					6		
				6		4	9	7
				2	9			
3				7				1
		8	1		4	9		6
				9	6		4	
		6					5	2
	3			8		7		

HARD - 37

	7	8	6					4
	9	6	5		7	3		1
5	3						4	8
		1			4	7		
	1		9			4		
	4		3	5			6	
		2			1		7	

HARD - 38

		4			8	2		7
		7	3		4			
	5			7		6		3
					2	4	9	
	7			9				8
	3			8	5			
		1						6
	2					8	3	
	6	3						1

HARD - 39

				1			8	
9				8			7	5
1		4					3	
8					7	3		
5	1							
					4			
	9		6		5	8		
	2	8		4				9
	5	6			8	7		4

HARD - 40

						6		4
				6		2		
	5		9	2	8			
3		8			6		1	
	9		8		4		6	2
		2	3	9	5			
	7						5	3
	1				2			
	3	6			9			7

HARD - 41

		9	5	2				
1			9					
	4		8					
7	9			5		6	4	
4				6	7			3
							5	
			2		8		7	
	8			3		4	6	5
						1		

HARD - 42

2				1	7		3	8
7							5	
		8				4		
3	2			5	4	8		
	8			9	2		6	7
					1			
	3	5	2			7		
			5	8				
							4	

HARD - 43

		3	7	8	9			
		5		1				
	4	9				8		
2	5		1		8	6	9	
4						2		1
9			5					4
	8		3	7				
			6		2			8
5					1			

HARD - 44

			5				4	
4			8	9		3		
							5	6
		8			3			
7		6		4	9		3	5
					8			
1	6						9	
	5		3	1	4	6	2	
		4			2			

HARD - 45

	7	4			3		9	
		2	7					8
		5		6				
				4		8	1	
		3	1			4		
1	4			3	6			
	2			8		6	7	
				7				9
	8				2			5

HARD - 46

8					9			4
7	1	9			4			
4		2					9	
					1			6
	7			6	5		2	
5			3					1
9		8			6			
					8			
				1		3	8	5

HARD - 47

6								2
			5					
1	2	7	9					
					2		7	3
7				8	4	9		
	4							
		6	7		5	1		
4				3	6		9	
3							2	6

HARD - 48

						6		
5					7			
	3	6		4				7
		7		3		8		
3	9	5				7		4
1		8					6	
		3			2	4	7	
			3			9		1
			9	7	5			

HARD - 49

	3				8		9	
9	6			3	4		2	
		4						
	1	5		9		3		8
6		2		7		9		
							5	7
		1	3			5		
	2						1	4
				1	5			

HARD - 50

			1			2		
7		4		2	6			
					9	6		8
		9			5			3
	6			1	3			
8			4	7		5		9
	9							
		2			1		8	
1			7				5	

HARD - 51

2			7					
		9						
	3			6		9		
		8	2		9	3	1	
							5	2
					4	7		6
		2	5	7				
6		5	9		8			
		3			1			8

HARD - 52

				2			9	
3			9		7	2		1
				6	4			
5	8	4					6	
			5	3		4		
		2					7	
2	5	9			3			
								2
		3		4	9	5	1	

HARD - 53

		5				1		
7							2	
6		1	2	7		3	4	
			9	3				
					8	4		3
	7	3		6		8		
	2		3			5		8
		8	1					2

HARD - 54

	2		3	8			7	
		7		9		4	8	
5						3	6	1
9	7		2	3				8
		1	8				2	
			9					
7	3		5	1	8			
	1		4					
		9						

HARD - 55

	8		4			3	5	
		1			6		4	
	6	7						
		4	9					
	9		5			4	2	1
6			7	4	1	8	9	
	4	2					3	
	7			3				
5			6			9		

HARD - 56

1		8	9					
				8				
	4		5			3		
2			1	7				
		9			2			6
	1	4		6			9	
			3			2	6	
4						9		
7	3	6			4	1		

HARD - 57

				3	9			
	9			5	8		4	
3		5		6			1	
5		6			3	2		4
1								
	4	7						
						1		
	1	4	9	8			3	7
	5	3		7			2	

HARD - 58

			9	2	4	7		
		9						4
2	3							
	5			3		1		
1		2	4	5				
		7				6		
7				9				1
4	6				5	9		
		5		4			8	

HARD - 59

9			7					
7		5		8	1			
	4		9		2	6		
	3		1					9
5		1		6		7		
2						4		8
1								
8						1	3	7
			8			2	9	

HARD - 60

						5		3
1	7	8						
2				1				
		9	6		2	4		5
				9	1	2		
		5			3	6		1
	3		1			7		4
	9			4				
5			7					

HARD - 61

			6	8		4		
						3		5
				3			6	
1		3						
9					1		2	3
		4				5		7
3	9			1	8	7	5	
7			9					1
5						6	9	

HARD - 62

7		4				8		
					4			9
	1					3	4	
				4	5		8	
3		1			8			5
8			9		2	6		
	6	2			9			8
			8			5		1
		8						4

HARD - 63

6		2	3					8
	3					9	5	2
9			2				3	
		6			5			
	1	4					8	
8							4	3
1	6	8		2				
			5		7	8		
					8	1	2	

HARD - 64

		7		1			8	
						6		4
	4	1						
5			4		7	1		2
		2	9	3		7		
4						9		8
		4		7			9	
	5	8	3		6			
	2			8				

HARD - 65

		4		8				2
				9			4	
				3	7			9
	1	7					5	4
		2		1			3	
		6	7	5				
	2					6		8
6		1						
	8		9		2	4		

HARD - 66

			9	8			5	
8			4		1	3		
						7		
6		3		9			2	
		7				8		
1		2	3	7		5	6	
			2					
	1		8		9			
	2	6		4				5

HARD - 67

	8	5						
	7	9		5		4	2	3
		4			2		8	1
5		6			7			
				4	1	2		
	9				6			5
		2	1			3		
				2				
	1	7			4	8	5	

HARD - 68

		2						
		5				3		
	3		1	2				8
1	4	8				7		3
		6	9					
					8		6	
	2			5				6
5					4	1	3	
			3		6	4	2	

HARD - 69

9	3		5			2	8	
4	5		9		8	3		6
				4	3			
	4		1	8	7			
	1	2						9
				9		4	1	2
			8		2			5
2							9	

HARD - 70

		5				9	3	
	4				7	6		2
	9			8	1		5	
	1	8	5	9				
						5		3
				6		7		
7		9	2					6
5		6	7				4	

HARD - 71

5		2		1		8		
8			9		7			
	6	4		3				
	9		3		2	5		
	5		7	9				8
	4	1		8	5			3
		5			4		2	
						3	8	
6						4		7

HARD - 72

		4	8			2	9	
		8						5
9		2	4		7			
5	8							
		7	5		1	8		
	4		3					
2		6						
8	1				6	9		3
	9			7				8

HARD - 73

	3	4	8		6	9	1	
							7	4
		1	5		9			
		9	3				5	
2	5			1		3		
	9	3	6	8			4	
	4	6					3	
				3	5	1	9	

HARD - 74

2			8	6				
	1	5	2					
					7	5		
1	6			5	8			7
7		3	6	2				
	9	8			3			
			7					1
		4		8			6	2
6				3				

HARD - 75

		1	4	5			2	
5	8		7			4		
		2	6		9			
						1		
9		7						5
				7				6
		5	2	4	8	7	9	3
				1			5	4
2								8

HARD - 76

			1			3	2	
6		5						
					7	5		1
	3		2			7	8	
	6				5			
		9	8					
7			6	2				8
1				3				
					8		9	

HARD - 77

	3		1					
1		8						
	7	5			4	3	9	
	9	4	7			6		
6	8			3			5	
7			9			1		
	1						4	
				1			8	6
			3		8	7		

HARD - 78

		3	7			6	2	
						5		
5		9					1	
	2	5		9		4		
	9		3		2	7		
		1	5		4			6
			1		6		4	2
2			9					
					5	9		8

HARD - 79

	5	1			2	8		4
6					7		3	
				1		9		
	2	9					1	
	6					4		
		7	4		3			
2	7	3			9	1		
	1	6						
			1					8

HARD - 80

2		1		6				
	7					9		
9			5				4	
				4	5	6		2
			6			7	5	3
	6				8			
		9	4	1				
3	8				7			9
1						5		

HARD - 81

2	4	6		9				5
	7	3				2		9
					1			
				3	4	9		6
		9		7	8	4		
6		4		8			7	
	9	1			3		2	
			2		5			

HARD - 82

				2	8			6
		3		6				
		6	1			9		
		4	5					
	1		2		3		4	
	7	2			1		6	3
	4	7						9
	6					4		
3				5	9		7	

HARD - 83

9			1	4			8	6
			7	9			4	
			5		6			9
	1					5	7	
	4			1				
	6		8					
3		2						
1							6	
	5				4	3	9	

HARD - 84

	3	7						
		6	4	5	8		7	
2				9		6	5	
1			8	2				
	6	9		7				
				4				5
	8		3			4		
		4	5			3	2	7

HARD - 85

3		5		6	9			
				7				
	9		2	1				
							4	
8	4					1		5
1	6	9	4	8			3	
6			3		7	5		1
		3			8	6		
	8		6					

HARD - 86

9	8	2						
	4		6	1		7	8	
		7		2			5	
		5	4	3			6	1
	6		7	5	2	3		
		8			1	5		7
	9	1	3		5			

HARD - 87

4	8	3						
6				8	2			
						4		1
3		2		5				
			2				3	
1	6		7		4			
						9		6
5						1	4	
	3	1	6	4		8	7	5

HARD - 88

		2	5					
	3	7	2		6		8	
5					8			9
		9					7	
	2							
		8		7	9	4		3
2					5			8
9			8	2				6
					3			

HARD - 89

4								
9		8	1			3		
7				9	4	1		
2		1		3	7			
	6	9				2		
					2			1
	2			8	5			6
						4		
8	4			6				2

HARD - 90

	2	4		7		6		9
				6	1	2		
3		6	5					1
7	3							6
9					4			5
			2		7	9		
						8		7
			4	8				3
					9		4	

HARD - 91

		7						
8				2		6	5	
	2		3		9		4	
			4			7		6
	9			3				4
4			9			8	2	
		4	5			2		
	8	2			1		6	
	7	6						

HARD - 92

	3		5			2		6
6					3	4		5
	7				8	1		
	5		7					
		2	9		1			
	8							
3					7	6		
5			4		9	7		
2							3	

HARD - 93

1		5		8	9	4		
			1		6			8
9							1	
3		9		5			4	6
	1	8			4			9
								5
7	4		5					
	5					3		
6	9	3				5	8	7

HARD - 94

	8	6					1	4
3		1						5
			9					
	7			6	4			
	5				9			
	1	8	5				9	
				1		6		7
4					3	5		
1	3		8					

HARD - 95

7		4						5
			3	7			8	
	8	1		4		2		
					8	3	6	
								4
4		5			3		1	
1	6							
		8	9	1	6	7	4	
			8					

HARD - 96

6	2				3			7
				1		6		8
	7			9		5		
9			3		5		8	
		2		4			6	
							2	
		1						
		9	4		7			1
2	8			3	1			

HARD - 97

	4	5	7	2			8	
8								4
3	7						9	1
			4	8			6	9
					2			
		9		7				3
6		8			7		3	
	9							7
7					6	1	4	

HARD - 98

2					1		7	8
8			6				4	3
	5					9		
					4		8	
			9		3	2		
	8	9	1					7
				7			2	
7	2	1			5		9	
							6	

HARD - 99

8					5	9	6	
5				1	7			
	1	2			9		5	
					8	3		
4							7	6
3	6	8		5			9	
9								7
	2				3	5		9
	3	4						

HARD - 100

3		1			5	2		
				3		4	6	
		4					3	
8		3			7	6		
	2			8	1	9		5
	3	2	8					
9		8	7		6	3		
	6	7		1				8

HARD - 101

	4	1				9	7	
6	9		4	7				
				2		1	4	
						4		
7				6				
5			7			6	1	9
				8				2
			3		9			
			6	4		5		

HARD - 102

	7				1	6		2
2			6		8	4		5
		6		3				
	6	7	4	8				
			5				6	
	3	9						7
			7			2		
							5	
		2		5	6	1		

HARD - 103

1							2	
			7		1		3	
7			3			4		6
4	9		6		3	5	7	
			8	5				
		8						
		9			4	3		
	7	4	1			9		
							4	1

HARD - 104

			4			9		1
5					9			
	4			7		5		
				4				
4			1					
7		2	9	5	6			
	9				1	8	4	
2	7					6	1	
	3	4	5				2	

HARD - 105

	3		5			9		2
			9		6	3		5
	9		2	3	4	6	1	
6	4			7				
3						7		4
			4	2	3			
2		1		4				6
4					8		9	3

HARD - 106

4	8						6	
			1	8		7		
2	1		3					
	3	4						
		9		7	3	2		8
				5	1			
		5	6			1	8	
	2	1					5	4
6								7

HARD - 107

3			7	1				
	5							4
			4		8	2	3	
2				9	1	4		
	7		3					
				8	7	5		
		2		7	6	3	9	
5					3	7		
9								1

HARD - 108

		4	8		5			
								8
5	9				2			4
	8	2			7			
		3		9		6		
1		6	4	8				
	6		1		9			
			6				3	2
					8	5		

HARD - 109

	8	5					4	
		3	2			6	8	1
							9	2
	7	1			6	2	5	
		6						
	3		7	5		1		
			9					
				6	2			8
5	4		1	3				

HARD - 110

	3			4				
4	2		3			5		
						4	8	
7		1		5				
2	4		8		9			
		3	7		2		1	
				8		1		
6			1	3	5			9
8		2						5

HARD - 111

	4	6			2	3		7
8			4					
	5	9						4
			1	2		4		
								8
	2	3	8			1		
	9	1			8		7	
		2	9			8	4	3
	6			5				

HARD - 112

	1	3	4					
6			7	9				
7	9		8		1	2		
8	7							5
					5		9	
			1	2	8		3	
	6	1					7	
5	8			1	3	4		

HARD - 113

			5		1			
	4		8			3		7
9	7						5	
		2	9				3	
			4	5			6	
			6		2	4		
2			7	9	5			3
	5	4			3		7	
	9	3						6

HARD - 114

6		7	3	2	9			4
			6		7			
		8						
	1	4			5			
				1	2	9		
8						5		7
		9	2				6	8
						3	9	1
			4			7	5	

HARD - 115

	3				9		8	
		2	8					
	4	9			6			
				3		8	5	
2			9			7		1
		6			1			9
3				1			4	
			7				1	
7	6				3			

HARD - 116

8			7			2		
1		4	3					
		7		2	5	1		
3					4			9
	9					6		
7		6					8	
9			4		6			
						3		7
		3		5			4	

HARD - 117

7			1				9	
	9	1						
3				9		2	1	
					9		2	
	1		3	8	6	7		
5								
			8	2			3	
		3		1				
2	6			7		8	5	

HARD - 118

	9	5	6	3		8		
							9	
	1	4					7	6
5				6		3	4	
					7		2	
8			9					
	5	8	3	7				
9								
				4	6		8	9

HARD - 119

	8				9		6	7
2		1	5					
7		6				5		
6			7	4				
				5			7	8
						4		2
8					5	2	4	3
		4					1	9
	7				4			

HARD - 120

				2				8
9					7	3	1	
7	2				8		6	
2		8						7
	3					5		
	6	9	2					1
1			5		2	8		
				3			9	6
				8	6			

HARD - 121

	7	5						8
				1		9		5
		9		2				7
							3	
	3				5	2		4
	8		2	7				1
2		8		4				3
	1			5		8		
			6	8			7	2

HARD - 122

	7	3				9		4
2								
	4	9	6		5	3		
4				8	1			
		8				4	7	9
		5			4	8	1	2
6	8	4				7	3	
	5				3			
		2						8

HARD - 123

7	9			1		2		
		4	2		7			
3		1		8		6	9	
2	8							
1				5	8		6	
5			7		2	8	1	
9			1		6	4	2	
						7		6
				4		9		

HARD - 124

3	1		5			8		
		9	1				6	
		2		3			1	
6	2	1			8			
				2		1	5	
				9				
				1	5			3
		3			6		9	5
	8		9			4		

HARD - 125

	4	5	6					
1			2		4			
2	9		3		1			8
							1	
	7					8		
3	6			8			5	
	2						3	4
9		8			2	6		
5	1				3			2

HARD - 126

5					4	6		9
		3	5		2			4
			7	1				5
	8	5		6			2	
	6		8					
7		9						
	2				5	4		8
	3	7		2				
		8						

HARD - 127

1			8					
4			3		1			5
							4	
	7						9	
	3			8		7	6	
	1	9				8		3
	2	8						
	4			5	8			2
7			1	4				8

HARD - 128

4		3		5	2	1		
		7	6		8	4	9	
9					3			
		9			5		7	6
5				9				
1	7						5	
			3			5		
7		4						1
	9	5	4					2

HARD - 129

		3	1	5				
5	4					3		
1					4			8
8	1				2			7
7	9			3				
						9	2	
	8			6		5		3
					3		6	
9		6		1				

HARD - 130

1							7	3
		9						1
6	8				5			
			3		4			7
2	7				9			
4				5		8		
				7				
7				6		4	3	9
8		5	4			7		

HARD - 131

4	9				5			3
	1			6		5		
	3				4			
	7	3						
	4		5		3	9		6
	6					7		
		4	6					
				8	7		2	9
		1				4	6	

HARD - 132

3						9	7	
					5	2		
7							5	
2		3	9	6		7		
	9		4				3	
		8			3	4		9
8	1		3	4			9	
5		6						1
			1			6		

HARD - 133

		8	5					7
2	9	6	4				5	1
		4					2	8
		2	7	9		4	6	
			3		5	7		9
			1	5				3
6								
			2		7			

HARD - 134

2				4				
		5		9				
4					6	2		
		4		1			6	8
					3		9	
		3		5		1		
		7						9
	3	6	8	2		5		
8			4					

HARD - 135

	6	4	5				2	
					9	5	6	
5					1			
		5	3			2		
						4		9
4		1	6	7		8		
		6		8			9	
1								
8		9	2		6			5

HARD - 136

		5	3		4			
		9					3	
			5	6	7			1
		6	2	4			1	
	5	2						6
	8				1			
		1			6		2	3
	2		1	5	9		6	4
						1		5

HARD - 137

			6	1		3		
	3			2				5
	2				9	1		
5								7
	8					6	4	
	1			7	6			2
3							8	
1	7		5	9			6	
9			3			7		

HARD - 138

			7		8			
	8			5			6	1
	6		9					2
6	4	2	1					
	3	1						5
					9	1		
				1			7	9
	5			9			3	
4			2		6			

HARD - 139

						6		
					7	1	3	5
	8	1	3		6		9	
					5	3	7	2
		7			8			6
				3	1			
		8			3		4	
	3	4		7				
			5		9			

HARD - 140

		2		1				
		3						4
			6				1	7
			1			4		5
			7		2			1
	1	4	8	5			2	
					1		7	
	6		5	8				3
		7	3					8

HARD - 141

			1	8				
2		8		5	4			1
	9						7	
		9		6			2	5
		6		9	2	1		
		4	5	1		7		
			6			8		4
		2	3				1	
	8	3						

HARD - 142

			4	2	3	5		8
				8			4	1
	4		1		5			
	1	9						
	7						3	
2	3	8	7	4		9		
	2				4			
6			5			1		4
				6	8			

HARD - 143

				3			6	
			2		7		4	9
4	5	3	8			2		
		7			8	4		5
		1					8	2
5	3			9				
		4					5	7
3								
8					5	1		

HARD - 144

					5	9		
				4	7			
7			1		8	2		
5	9		8			6		
2	1				3			
8			4	1				
		9			4		6	
		2						1
			7			5		3

HARD - 145

8		2		1	9			
			6	5		9		
			2	4			7	
1						4		9
9	2					1		3
			9				5	8
7		8						
2							8	
4	3	1			7			

HARD - 146

				1		5		
	9		4			6		
2			6	5			4	
4					8			9
7	3		9					
		6	2					
1								
6			8	9	3	1	5	
		9		7			3	

HARD - 147

8					5		1	
			6	3				4
	4	6	8				5	
	7						4	
4				2		8		7
							9	
5		7		1		4		
	2	4	9		8	5	6	
								1

HARD - 148

2	5				9		8	
7				2			1	
1			8			3		
5		3	1			6	4	
		1			8	5		9
8	4	9					7	1
								4
			2			7		3
			6	5				

HARD - 149

1		4						9
		3		6	8			
	8	6						
	6			4	7			
4	2	5						8
				1				
	1	2	3					
6			2	8		3		
3	9	8				1	4	

HARD - 150

	6		4	3		8		
	8		7		9	5	3	
	7	3	2					
		8		2				
	9				6			
1						7		
6								8
	4	5	1					
	2		6				4	9

HARD - 151

2	7						1	
	8				4			
		6	2	5			7	
9			7	6				
			8			3		
		1				6		
			9	8		2		1
6	1							
4		9			3	7		6

HARD - 152

	1			3		5		
				5	9	6		7
			4		2			
	6	7				9		4
		4		6		8		3
	8		5				6	
			3	2				
6						2	1	
		8			5			

HARD - 153

7	2	8						6
9		1	3		7			4
				6			7	
2			6					
		6	1	4	5		8	
			9					5
						1	6	
	4	2				7	5	3
	3					4		

HARD - 154

					3	9		5
		3	5				8	1
		8	1	7	4		2	
9	2					3		
				2			1	6
			8			5		2
8					5			
1		7			6			
	3						5	

HARD - 155

				7		5	1	
		3						
			2		5			6
	8		3		9			
		7			8	2	3	
4						1		
		1		9				
9		2			3	7		8
	5	8			4			

HARD - 156

	2	3			7	1		
6	1							
			3					4
	6					4	9	
8		5	6			3	1	
			1	5	4	6	8	
1								
9			5				2	
		8	7	4			3	

HARD - 157

		8					2	
5	9	6				4		
	1	7						
					8			
	4				1	6	5	
		5	3			2		8
3	7		6	9				
						9		
	8	9	4	3				

HARD - 158

6	8			2	4	9		3
	7				3	1		
9	2		7			8		
1					8		4	
								8
8	6	9						
2								
	1		8	5		2		9
3						4	1	7

HARD - 159

					7	5		9
9			2	5		7		
5		7					4	
6						8		
2			9	3	8	4		7
4		1	5	7		9		8
				4				2
			3	8	2			

HARD - 160

	2	1		4				
		9		3			4	7
			6	2			3	
1				9	7			8
		3		5			1	
	5	2	3	8	1			
						8	2	4
2		5		6				
		8				6		

HARD - 161

9						5		1
				1				
	7			6			2	
	8	3	7					2
2		7	5					3
			3		1			6
	3							
	1		8	3		7		
7	4	8	1					

HARD - 162

				6				
		9		5		4		
	4		9	2	7			8
			5			2		7
7			4				1	
		5	1		2	9		
	3	4						
2						6		9
9		1					2	

HARD - 163

3	2					1	4	
				6	5		3	
9	8		4			6		
	1						9	
2		8		7				
			5			7		
		9				3	7	
1				9			5	
		4	3		6	9		1

HARD - 164

3			4			6		
	9	7	2					
	4							7
						9	5	3
5	7	1		9				
		8				7		6
			6			3	7	
7					5			
		4		8				2

HARD - 165

		5	8					
							1	
4			1	9		6		5
3	4	1		8	2	5		
6		8			4		7	
	7	2						
				1			8	
				2	6	7		
	2						9	6

HARD - 166

			6	5		4		
	1	5		8				
	7		9		1	2		5
6								
3							1	7
		9	2			8		4
	6		8	3				
					9	7		3
		3		2			5	

HARD - 167

1	3			5			9	6
9	2					8		
			4	3	8			1
3	6	4				5		9
		1		9	5			
8	9	3	2	1			5	
	4					9		7

HARD - 168

2	5			4	3			1
4								
		6		1		7		
		3			5			
								8
6				7	9	2		
7					4			9
9		4		3			7	
			2			6	8	4

HARD - 169

9				6				
	5		9	4		6		
8		7		2				1
	1			3			2	
	9	3	4	5				
		5	7					
			3				1	2
				7	6			
	2					5		6

HARD - 170

		1			4		8	
	6			3	8	7		
8				5		2	9	4
	2	6					4	3
					2			
1			8			5		9
			1	2				8
		7				6		
					9		7	

HARD - 171

					2		9	6
	1							
		6						
	6			7				
				8	9	6		
		5	6		4	1	8	3
	3	7				5		
		4			7		1	
9				5		7	2	

HARD - 172

				9			5	3
		6		3	2			
	5					7		8
	1							
		9			8	5		2
	8			7			9	
3				2				5
		7			4		1	
	9		3	1				

HARD - 173

			9		4			2
			6	2			7	
		6						1
	3	4						
9		7	2		3		4	
			4			8		
	5			1				
	7		3	4		9		
6		1				5	3	

HARD - 174

		4					2	6
9		8	6			5		7
				7		3		
5	2			8		4		
7					2	9		5
	3					6		
				9				
1	8			6			5	
			8	1	7			

HARD - 175

	2	5			3			6
								2
3	4			2	9	7	8	5
	5					6		3
	6		5				2	
2				4		8		9
	8	2		9	6		7	
						2		
		4				3		1

HARD - 176

1	8		5				6	
7			2	6				
	2			9	8	7		3
	3	5					8	1
	7			5		2		
			9		2		1	
2		4	3		6			7
						6		

HARD - 177

	1		9		4			3
4			6					
	6	5			8	9		4
			8		6	2		
				7	9		1	
9				1				
					2	3		
	2		5		1			8
1		8					7	

HARD - 178

			1		4		9	
			7	6		5		
		2		8			7	
			2				8	
	6			7				4
8	1	5				7	3	
			3					
	3		6	5		2		
	5							8

HARD - 179

					5		3	9
9		6		1				
	4			8	9		1	7
	6				7			
		1					8	
		8	5					3
					8			
		7			3			6
	8		6				9	4

HARD - 180

		3	6			7		5
		1		7	4	9		2
		9		8	5			
6				4				
1				6				9
	2						3	
						4		
	5	7			2			
	1		9		8	5		

HARD - 181

3	7				6			8
	5	1				2	3	
8		4		1				
				6				
9	6						5	7
5	8			7			9	
	9				1	3		5
			8					1
	1			3	5		8	

HARD - 182

8	1				7			
		7						9
	3				9			2
					4		7	
1	7	8		3			9	
	5					1		6
	2		8		3	9		7
		5						
			1	9		4	2	

HARD - 183

1		3	8					5
				6		7		
2	6			9	1		4	
		8				1		2
3						6	9	7
			3	7				
		9				2		8
		1		3			7	
6	2	4		8				

HARD - 184

4		7		6	2			
		3		1			9	2
5							8	
	3					2		
			6		9			3
					8		5	6
		4	5					
		6	4	2	3		1	
						3	6	4

HARD - 185

	8			4	9	3		7
	1		8	7			6	
2		7		3				
1		9			8		2	
	5					4		
6			3	1				
7			5	2	4			6
			9		1			
							4	8

HARD - 186

6								1
7		1			3		9	
			5			2		
				8	1			
		3						
			9			1	3	8
3		6			9			2
		9			4	8		6
			2				7	3

HARD - 187

			4		8			7
	4	6			9	1		
		7		5			4	8
	9				1		8	
							6	
		2		3			7	1
2							1	
		5						
1		4	7	6			2	

HARD - 188

			3				5	
9		7		2				
4		6		9			1	
2						9		
7		5			4			
			8					6
5	7						3	2
8	4	3		7		1		
6	2							7

HARD - 189

			2				9	
6			8			2		1
1	3	2		6				
	5	3			8	6		9
8							4	
	6		3	2				7
	2	6				8		
4			6					
		9					6	

HARD - 190

				6		9	5	4
	2				4	7		
	7	4	8	1				
7	5					4		
		9				2		3
			3					
5		7				8		2
1		8			7			
					6		4	

HARD - 191

7		4						1
	8	1						
		5		4			9	
				3	2			
	7					2	1	4
	6				9			5
3			8				5	6
				2	1		8	
			3					7

HARD - 192

8	9	3	6			2	7	
1						4	3	
		6	5	7		9	8	
		2		6				
			9			6		
	7				8			
	8	5					2	
			4		2			3
		4	7					

HARD - 193

3			4				6	
	6	9		2	5			
		1						
		3		6			2	1
	2			7				
4		6	8				3	9
							8	
			2				9	4
2	8			3	6	5		

HARD - 194

	2					5		3
4							9	
		3		9				7
6	1		2	7	4			
	9		3		6		4	
	4	2				1	7	6
					3	6		1
			5	8		3		
		4						

HARD - 195

6		4			8	2	9	
	3		7			8		
9							4	
1	9		2	6	7		3	
3								
	4							6
						3	1	
2		7	8					4
				4	5			

HARD - 196

			8				7	
9			5		7	2	8	3
1								
			2	9	1			
5	2						4	
						7		
					5			
7			4	2		5	9	
	5		7				6	4

HARD - 197

			7				3	
4					5	2	7	
7	1	2						6
	2					1		4
		8			6			
5					3			
				9				
	3	4	8	2			9	
2	9				1	7		

HARD - 198

3	8	5				9	7	
			1	8				
4		2	7					
		9				7	8	4
	6	4						
5	7				8			
	3	8			2			7
6						5	3	
			6		7		4	

HARD - 199

		7				8		
8		4					2	
			8	7	5	4		6
	4	1					9	
			6		3			
6	2				9			
			1				4	8
					6		1	2
			5		2	3		

HARD - 200

		9	7	5				6
	5	1				3		
2					9		7	4
	6					9		
		7		4				2
			3	9	7	4		
		4			2	7		
1								
3		5		8				

VERY HARD - 1

8	1					9		
	6	9					2	1
4		5		8				
				3				
		1					4	5
5			4			2	7	
	8				1		6	
	3			9	4			2
		4	6				8	

VERY HARD - 2

5						4		2
	8							9
		4				1		
		3		1		9		8
				6		3		
	7	9			3			5
1			4		9			3
	9			5	1	8		
				3	7			

VERY HARD - 3

		1		6				5
		8				3	7	
5		2			1			6
8			6			5		
		7		9		2		
			8	3			1	
		6		1				
			7		2		4	8

VERY HARD - 4

	7					3		
	6		9					1
			7		2		6	
			1					7
4					3		8	
			6			1		9
	3			1			7	
		8	4					
9							4	5

VERY HARD - 5

				2	4			6
4		3		7				5
				8		7		
2				6		5	7	
					3			2
6		8		4				9
8	2			3		1		
					6			
		5		9		6		

VERY HARD - 6

	1			7				2
			9			1		8
3	5							
1			4	2				
				1	5			
9			8					4
8		3	6				2	
		2				9		3

VERY HARD - 7

3	6		2		4			
				1				8
		7		5				
2					3	9		7
		3	1					
			9					
6	2		8				7	
	5	4		2		6		
		8	4					

VERY HARD - 8

						6	5	
			1					
	2	3						8
							1	
9				5		4		
8	1		9		6			
		5				8		
					9		4	
2	6		5		7			9

VERY HARD - 9

							3	
5				8	4		9	
2		6						
				7		5		
			5		6	8		7
			8	9				
	7	2	4		1			
4	1		9				5	
	5							2

VERY HARD - 10

7				6		9		
	6	3						7
			4	3				
							1	5
						6		
	1			9	2	4		
5	2							8
			6	4				
	3	9					5	

VERY HARD - 11

7	6		1					
		3	7		9	5		
		9	2				1	
4					5			
						8		
1			6	2				
						3	8	
	8	1			7			4
		6			3		5	

VERY HARD - 12

7				8			9	
			2					
3	6		5		7			4
		4						3
		5	9	3			8	6
1		9						
5	1	6			8			
			3		6		5	
			1					

VERY HARD - 13

2	9	8		4				
		1	8				2	
		7	9			1		
	6					5		
4				5	9			
			7			8		3
		6				9		2
					2	7	1	
5								8

VERY HARD - 14

							5	
5	9		6					
		3	2					8
6		9	3					
					1			2
		4		7	9			5
				9		8		6
7		1	4		3			
				2			3	7

VERY HARD - 15

			5					
4	2		1					
			9	2		3		
8					4		1	
3							2	
		4		3	2		8	6
	5			8			7	
6		8	3					4
					6			

VERY HARD - 16

9					2			
				6				
3	6	8						7
2		9		7		5		3
				1	4			
8							9	1
6		1	7					5
		3				6		2
	5		1	8				

VERY HARD - 17

				8	6		7	
					3	4		
7	8		2			6		
6							2	
3			8		5	7	9	
	4			2				
5		8						3
	6	2	3		1		8	

VERY HARD - 18

7				6	9		5	8
				7				
1			8		5			3
		1				8	3	
		4		8		1	6	
			9	1				2
							4	7
		2			6	3		
					1	5		

VERY HARD - 19

				9				
8	2			6				7
4								
		2				5		
	7	6			5	2		1
					1	8		3
2		5	9					
	1		4					
		4				3		8

VERY HARD - 20

						9		
7	3		1	8				
	4				9			8
				3			8	7
		5	4	2			9	
	7					4		
6		2			4		5	
4						8	7	
3	5				8		4	

VERY HARD - 21

							6	
5	6	7			3			
2	4			5			9	1
		6				1		2
	9		4					
				7				9
			5					7
	2				8			
4					7		2	

VERY HARD - 22

8							4	
	3	4		2		5		
		2	1					
7	4		9				6	
			2					7
	9			3				
	5					9		3
		9	8		6			
		1				7		

VERY HARD - 23

1			5			3		
		5	4		7	1		
				9				7
	3						4	6
				7				
6		8			1			
5	2						6	
		6			8		1	
8			6				3	

VERY HARD - 24

8								1
		1		5	6			
	5			1	7	6		
4				8			3	
					2		1	
	1	9	3				6	7
	4			2	3	9		
9		3						
1	7							

VERY HARD - 25

		2			3	4		
	7	6				8		3
		8	6					
6		1				2		
			9	5		7		6
	3			2		5		
							7	4
								2
2		3	5	6			8	

VERY HARD - 26

3								8
						6		
		9			8			
1		5	3	7				
		6	2					7
			6		5	4		
	3					7		
7				2	4	8		5
	5	8					6	

VERY HARD - 27

		4	8		9	1		
3	1							
			4		2			
8								
	3	5				9		4
	9	2			7	8	1	
	6		1					3
5			9	8				1
9								

VERY HARD - 28

		8	4	6				
			2			8	1	
5			3			2		6
	9		6					
				1				4
		6	9			3		
				2		6	3	
	7				6			9
8				7				2

VERY HARD - 29

8							4	
	3						6	5
4		2	3	1				
2			6					
9		7		4			1	
					1			7
		4	7					3
			2		5	1	8	
			1					

VERY HARD - 30

4		1	7		8	6		
		7	9				5	
5				6				
						4	3	
			6		1		8	
3		2						
	9	6		4				
1							6	
		4	3				1	9

VERY HARD - 31

	9				6			7
	2	1		5		8		
	6				8			
4			5		9		8	
	8	2			4	9	5	
7								4
9	4			3	7		6	1
			9		5			

VERY HARD - 32

	1							
						6	1	
3	2		9			5		
				3	2			
	3		7					6
		6	1	9		4		
1			3		4			8
				6				7
8							3	

VERY HARD - 33

			9					
	7					5	6	
	4				7			3
2	5			1	3	8	7	9
			6					
	1				2		5	6
4			3	7	9	1		
				5			8	
	2							

VERY HARD - 34

2								9
			4			7		
		7			8		6	5
					4	1		
				1				6
	5		3					7
	1				6		5	
3		9						
	7						9	2

VERY HARD - 35

			5				9	8
	2		3					
				2	8			
	9			5	7		8	3
8			1					
		7			9			2
	1			7		8	2	5
	3				1	4		7
							1	

VERY HARD - 36

						4		
					3	9		2
		5	9		2		8	1
				1			4	
	6			9				
7	1			2				
5		9	8	3			2	6
		8						
4			1	5	9			

VERY HARD - 37

	5		9					8
8								
	6			1	4	9		3
					3		6	9
		9		8	7		3	
			4				8	
2			3			8	4	1
4			6		1			2

VERY HARD - 38

	2	6	9	1		5		8
3	4				8		1	
	3		5					2
	7			9	6	8		
		4	2					
4						3	5	1
	5							
8					4			6

VERY HARD - 39

1		3			4	5	6	
		5			1			2
	9			8				4
7			2					
						6		
			4		9	7	5	
4			7					8
3							7	
				5	8			

VERY HARD - 40

								8
		5						
1				9	4			
		9						5
		4	3				7	6
2		7	6					3
	8	3	4	1				
6				8		2	3	
								9

VERY HARD - 41

			1		9			6
3	4		8	7				
	9				4	7		2
		5				3		8
9		4						
							5	
			7				2	
2	7		5			9		
1		8						5

VERY HARD - 42

1					8			
		4	7			2		
						7	6	4
8				2		3		
	7		6		3			
			1				7	
			3		4			2
		5				9		8
2		1						

VERY HARD - 43

1				8	4	5		
						1		
			6				9	2
	7							5
				9			3	
		6		1		9		7
	6				2			
7			8		5			
8		5	1	7				9

VERY HARD - 44

		5	1					
8					5			
2	7	9			8			
				3			5	6
			2					7
	9					2		4
6		3	9			4	8	
	2		3	1			6	
				8			2	

VERY HARD - 45

	6		5				7	
					7	8	1	
		8						3
	3	7		1				
					3		5	4
9				2				
2	5	1					8	7
4	7						2	
8				7		4		

VERY HARD - 46

	1	2	9					
	9		6				3	5
							9	
	5			4		7		
		8			2			
		4			6			1
	4					5		
8		1	5				6	4
9			4			8		

VERY HARD - 47

9	4	3						2
	2	1	3	6				9
	3	9		1				5
	1	2		3				
					8		2	
	5	6		8		7		
						3		
			9		1			

VERY HARD - 48

6	5	9			2	7		
	2					8		6
				4				5
	9						1	
		5			1			8
		6				2		
7	4			1			5	2
			6	8	4		3	

VERY HARD - 49

		7			2			5
			5					9
		8		6				
6				5			2	8
	1							
2	3				8	7		6
				1	5		4	
7				8		1		
			7	9				

VERY HARD - 50

	5				7			
	1	6	4				2	
2			5					6
				5		2	6	
			9			4		1
	4	3		8		7		
		1					4	
6			8					
	3				1		5	

VERY HARD - 51

		2		4	5			
					3	6		
	6	5	2				9	4
			4	5			1	9
	9	3	1					8
2								
		6	5			8		
4							6	
1		8			4			

VERY HARD - 52

	2	1	8			6	3	7
	5						8	
9			7		1			
								1
	9	8	3					5
					7			
7			6	2	9	4		
2								
		5			4			

VERY HARD - 53

4		5		8			6	
			7					1
2	7	9						
							2	4
		8	2	6		1		
						3		5
		2	8	7				
6				5				3
	5						4	

VERY HARD - 54

8			5	6	3			
			7				1	
					8		2	
	1	7	4	5			3	
		4						
	6							
	7	3		4		6		
								5
		8		1				4

VERY HARD - 55

		8		5		2	1	
		5				3		
2			1					
3	5			1				
8	9	7	4		5			
			8					
6		1		9	8		3	
	7					4		6
					7			

VERY HARD - 56

			6				9	
			7					2
1				3				5
4			2	1		9		
6	5							
	1							3
2				6			8	4
					3		5	
		9			2	7		

VERY HARD - 57

						7		5
1					5	8	3	
							9	
6					8	3		
	5	8	1		7			
2	4			5				
			3				1	
	9	5	4				7	8
							6	

VERY HARD - 58

		2		6			1	
	1		8		2		7	5
	9							
		6		4				
2			9			7	5	
	8	9	2					
						3	2	
			6	5	1		8	
			7					

VERY HARD - 59

5	2	7				8	1	
			2			9		
8		3	5					4
					6	1		
					8	2	4	
1	4		3					
	3						8	9
4		1			3			
				5	4		6	

VERY HARD - 60

		1		8			6	7
4		6	5					
8				9	6			
						5	3	
	2	7				4		
		8		3	9		2	
			8	6	5			9
							8	5
					7	6		

VERY HARD - 61

			8		1			
5		2					1	
	4	1		9	3			
		9	6	7	2			8
		7	9			2		
				8				
	3							4
	1	5				7		9
	9		2					

VERY HARD - 62

					5	2	9	
	9	5		1	2			4
2		7		6				
	8			7			4	
							1	7
		1		3		8	2	
		6			4			
1							5	
					6			9

VERY HARD - 63

	5		8		1			6
	7			9	3		2	
6								
	2			7		1		8
1	9	7					4	
					2			
9								1
				8		6		9
			5			7		2

VERY HARD - 64

		2						9
			8	2			7	
4		1						6
	3		2					
			7		4			
1							3	
					5			
	9		1	6			4	
	8	6	3		7	2		

VERY HARD - 65

7				1		2	3	
					2	4	5	7
	9		4	2		3		
	7			6				9
	3	6				8	7	
8			1	3	4			
			2		8			
						9		

VERY HARD - 66

9	5					2		
	6				4		1	
								4
							3	
				6	3			
	7				1	4		2
		6	8	5				
8		7	2	3				1
		9		1	6			

VERY HARD - 67

					3	6	8	
		6		1				7
			5	8			1	
			3	2		7		
5	3							2
	6		8					9
8		3	9				2	
		7						
	2				1			

VERY HARD - 68

		7					6	
			3			2	4	
4		6			2		5	
8	7				4			
	9						2	5
	5	3			1			
	4		6					
2		1			9			6
3			8		5			

VERY HARD - 69

	9			7	8			
			2		6			
4						6	8	
9		4	6					
5						4		
			3		7		5	6
					1	7		8
8	5	7						
	4	6						

VERY HARD - 70

		3	5		8			
8						5		
	7	5	6			2	4	
	2	9					3	5
	4	8						1
					4	6		
	3							
			2		5	3		7
	5		8		7			

VERY HARD - 71

		3	7		8	6		
8	4		6					
	9					8	7	
		2						
5			1				3	9
	3						8	
3				2		4		
	1				5			
	7		9	4		1		

VERY HARD - 72

4	1		8					
		2	4	5				
					7			
9	5	8	3			1		
6	2		1				3	
	3	1				4		8
					9			5
					8	9		
							1	2

VERY HARD - 73

			9	7				
					8	3	9	6
				4				
		8				5		
	9			5	4		8	3
1		6					7	
	3	4		9			2	
		2						5
	8		1			9		

VERY HARD - 74

	6	2			3			
		4					6	
9		5	4				8	2
								8
	1		3			2		4
	2		1	9				
						8		
6			9	3		1		
			2	1				5

VERY HARD - 75

		9				8		6
			1	5				
5			8		7			9
		8	4				3	
	9					5		
3		7			6			
	1						8	
		3						2
				3	2	6		

VERY HARD - 76

		2	6	7				8
1		6		8		7		2
					2			
			9	3				
2						1	4	7
5				1		6		3
	5	7	8					1
3								
						8		

VERY HARD - 77

3							5	
	2	9	6	8	3			
4				7				3
9	5						4	
			5	6	7			
	6		8					
							9	7
6			4		2			
						2	3	

VERY HARD - 78

	5					7	3	2
2					5			
7		1		4			9	
9		3	2	7		5		
			5			2	4	
		5			1			
		7	1	5				8
			9				7	
				8		9		

VERY HARD - 79

8			3					
	1		7	9	2	8		5
7	3			5				
1							8	
	6	3			8		9	
						6		
		4	1					
		9	5	6			4	8
	5						6	

VERY HARD - 80

6		8		1	7	9		
9								
						5		1
				9	5			
					3		1	
	9		6			2		4
					2			3
				5		1		6
7	3	6		4				

VERY HARD - 81

			4			3		1
		5		8				
7		1		9				2
2				1	3		9	7
1								
	7							
	6	2					5	
	3	9	1				2	
5					9	4		3

VERY HARD - 82

	9	8	3				1	6
	7			6				
	2		1		7			
	3		2	1	4		8	
	8		6					4
8	1					6		
					6			7
3				5				9

VERY HARD - 83

5	6			4			3	7
		8	7				1	
	9						4	
			6	5				
9	5							
3	7				8			4
6	8					3		
			1		5	6		
			8		2			

VERY HARD - 84

		9	8	3				
		8				7		6
		4	1					
	2			7	5			1
	4			1			8	
			9			2		
3								
	7		5			8		
1				6			2	

VERY HARD - 85

	5		3	7				2
1								
	6	3		4	5			
	3		4	8		1		
		9					8	
			2		9			3
		8	7				3	
							5	4
9			8					

VERY HARD - 86

1	5						2	8
6			5	2			9	
4				8				
			7		3	6	1	
			9					5
						7		
	1				6			
7	8							
	2		4		8	1	6	

VERY HARD - 87

		8		7		3		
		9	8				7	4
	3	4		6				9
1								
					2		4	3
								6
		2	7		5			
8			2			5		
	6							2

VERY HARD - 88

5						3	2	
		6						1
	8			6			4	
2			8					7
				4	7			3
			2		5			
		3			6			8
		4		5				
	2	8			3	6	7	

VERY HARD - 89

			8		1			
	5	1	7				4	2
8		6			2		5	7
					7		2	4
	2			1				
					8	6		
	6	4			9		3	
			3					1
5						4		

VERY HARD - 90

5			8			7		
	2	8	6		1			
		7		5				3
		5	3					8
6			7	8		9		
		3						
							1	
						8		9
	8	6		4		3	7	2

VERY HARD - 91

	7				3	6		
6							9	
				8	2	7		
5		9				2		
		3	4	9				7
				5				
						3		
	1			4		8	2	
7		2			8	9		

VERY HARD - 92

6	5							
7			9		1		5	
				8	3	2		
							9	6
	7	8						
2					4		3	
								2
			1			9	4	
	4	5					8	

VERY HARD - 93

		5	9	1				
	2					5		
9				3		6		4
	8							
	4	1			7	9		5
					3	1		
			4	8			5	
	5	3	6				8	9
						4		6

VERY HARD - 94

			5			8		4
		4	2		3			
					7		5	
			1					
	8				9	1		3
			8	7				5
				6	1			
	3	6				9		8
	1					3		7

VERY HARD - 95

		2	4	8				
1		3	2					
							8	
6		1						
		4			8		7	6
			9		7	4		
	3		6	7				2
					3			4
	9		8					

VERY HARD - 96

					4			7
4						6		
5	8		1					
			6		7		5	4
		3		1				
				3	5	7		2
		2			6	5		
				8				
9		5						8

VERY HARD - 97

			8		9			3
	4		6			5		
					2			1
		9					5	
4	3	7		2			8	
2					8	4		
						3		
3	1			6			9	4
	2			3		6		

VERY HARD - 98

			6	5			9	
4		2						
				1	7			4
9							6	
		6					2	8
3		8			1			
			7					
	9				8			2
	5	3	9				4	

VERY HARD - 99

7				5		8	4	
			8	3	2			9
							3	
		4		1			7	6
3				4	6			
		7		2	3			
	3				7			
8							1	
2					5	9		

VERY HARD - 100

				5			4	
1			6					9
					4	3		
2						4		3
				4	5	1		
	7		2		1			
				6			9	
		2	9				5	4
4						7	3	2

VERY HARD - 101

1		8			3			
4	5		9					7
		7	4			1	9	
3					9	4	8	2
	8		3					1
			1					
		4						5
				5		8		
	7						6	

VERY HARD - 102

1				3				5
						8		
3					9		7	
	2		1		4			7
			6			1		
4	9			5			6	
7		2						
	8	5	7					
	3		9	8	2			

VERY HARD - 103

	5	3		7				
		1				6		
	8	6	9			1		
	9							7
					8		1	9
	3	7	5					
	6	8		9				
				2	5		3	
	1					5		

VERY HARD - 104

	4			9		5	1	
1		7	6		5			
		2		6				
9		5		7				
							4	9
	8	9		5				
	1		7			8		
2			1	8		7	3	

VERY HARD - 105

			3			9		
8	9		2			5		7
	2						3	
3		5		6	7	2		4
1				5				6
6		2						
9		4		1				
	6			3	5		4	

VERY HARD - 106

	3			2				
	5					8	4	7
				1				6
3			5				2	4
	6	8		9				
2				6				
		9		5	1	7		
7			9				1	2

VERY HARD - 107

						6		
	8		6			1		5
				4			2	
		6	2	5	1	8	9	
		5	8				1	
					6	5		
			9	2				1
2			1		3	4	6	
			5		4			

VERY HARD - 108

					1			
4				5				
	6				7	1	8	4
9				6				
		2	7			4	5	8
1	7			4				
		4						
			9			2		
	9					7	3	6

VERY HARD - 109

		5					7	
					7	3		
	4					6		
8			4					
4		2			1			7
	3							9
	6			2	9	4		
1				5	3			
		9	7					3

VERY HARD - 110

2	9	3						
7	1		2	5		8		
6		8		1				
1			7			5	4	2
				2				
5					9		6	
				8			7	5
			5			3		
8					2	4		

VERY HARD - 111

		1				9		
		5				8		3
				4	5	1		2
		9	1		3	6		
2	6							
		7		5				
1		6		3	4			
3				1				9
			5		8			

VERY HARD - 112

2				7			3	5
		8		6	9			
					4			
	7							3
	6		9			7	5	2
				2		9		
7			1				9	6
	3				5			7
				4				

VERY HARD - 113

				7	5		3	
			9		2			7
		8		3				6
7				5				4
			8		1	9		
	9	2	7					
	8							
		9		2		5		
						7	4	

VERY HARD - 114

		6	3	2		1		7
3		8						
4			7					5
	5	7	2	6				
	4		9					1
	6			1				
		9			2		5	4
		5					8	
				8	9	7		

VERY HARD - 115

9				6				
		5						
4	3					6		9
			1					
2		9	6	7		3		8
6					4	9		
						7	6	3
	7			8				
	4		9			1		

VERY HARD - 116

	2	4				5		6
1	3			9	2		4	7
			3					
		8						
		6	7	5				
			4		9		6	
	7	2			8		5	
5					7			4
				2	4	3		

VERY HARD - 117

	8							
		2				4	9	
				1				3
	1						6	
				8	1	7		9
	5		7			3		4
6	2			4		5		
4		8						7
7			3	2				1

VERY HARD - 118

		9						
	6		2		9			7
					8	9		
	8		1					
		6			5			8
		5		7		3		9
8				1				4
		1		5		8		6
	2							5

VERY HARD - 119

5				2				
							3	
7	1			3		6		
2		5			3			4
		4					9	7
					7	2		
	6			1	2	4		
						1		
		1	7	9				5

VERY HARD - 120

		2			7			
		5				2		
	9		4		8			
			1				7	8
			8		4			
	8		3					6
			2		5	6		
5						1	2	
	1	7		4			9	

VERY HARD - 121

	6		5		1			2
		3		4			1	
			8	2				6
3				7			6	
			6		8		5	
		1	4			9		
8		2						
			2			3		7
	4						8	

VERY HARD - 122

	9	4			8	7		1
		6	2				3	
		8		3				
2	3						8	7
				4			6	9
	4	3		2	6		7	5
			8			9		
9			4	5				

VERY HARD - 123

		6		7		9		
			2		8	6		
	5					1		
4	6	1			3			
	2	5		8			4	
			7				1	
							6	
				9		7		2
2		7			1	4	9	

VERY HARD - 124

		9		8				
	8					7	9	
7	6		2					
				7		3		
		2					8	9
	4		8		3		2	7
						9	4	
			5			2		3
1			3	6		5	7	

VERY HARD - 125

						1	4	
			9		6		5	
	1		4					6
4							6	
8		6	5		3			7
					1			
	6			2				
		8	6			4	3	9
				3				2

VERY HARD - 126

8				5			3	
	6		4				8	
			1			9		6
					9	4		7
	2			7		6		
	8						2	
			7					1
4			8		1			
	5	7		9				

VERY HARD - 127

	7	9			5	3		4
			4					
4	1	6		7	2	9		
						4		
8			2	4			1	
						6		9
		8		2				
7	6		9	1				
	4		5				9	

VERY HARD - 128

			7	4	9	2		
9			3	2		6	7	
								4
	3	9	5				8	
		1	9		3	4		
				8			3	
3	6				2	5	4	8
		5					6	

VERY HARD - 129

			5		7	6		
			8	2				
9							8	
5						1		4
8					2	9		
	1					5	3	
3						4		
2		7	4	6	5			
		5		8			7	

VERY HARD - 130

	8		7			1		
				6	1	4	3	
2				3	8			
7	2	6						
			1		6			
			3					
9		8	4					
4				1	9	3		
3		7						5

VERY HARD - 131

						4		3
		8			3		1	
			7		5			
	9				6			5
2	3			5			7	6
	5	4						
9					4			2
			3	6		9		
	1			2				

VERY HARD - 132

5		3					8	
		4						3
8					9	6		
		2			6		7	9
	8				4	3	1	2
4								
	3				8			6
				4	5	1		
			9	7		2		

VERY HARD - 133

	2					1	5	
	9	1	2					
								4
	5						6	
				7	6	4		2
4		6		8		5		
					9	8		6
		3						
5		2			1			

VERY HARD - 134

	9		7				3	1
1		3		8				
	6	5		4				8
	7		3		8	5		
					9			
9			6			3		7
				6	2			3
2		9						
	1							

VERY HARD - 135

	8							4
5		1						
		7					8	
		3	5	9				
	9		1			4		
6	2				7			9
	1		7				4	
		6		4		3		
	5	4	3		2		1	

VERY HARD - 136

					2		3	
	3		4	7		8		
	5				6			
		7		6				
		5		1			2	
		8			9	3		
			2	4			9	
		4	8				6	
		9	6	5	1	2		

VERY HARD - 137

	9	5					6	
		7				3		
6			2					9
		8			7	9		
		3	9					
	7			1		6		
			3					6
8						1	5	
7	4		5	9			8	

VERY HARD - 138

2					1		6	
					3	4	8	
3				5				
7								
6					4	5	1	7
	5	8					2	
	6		4					2
1	3			2				
				8		6		

VERY HARD - 139

			5		2	4		8
		5				1	6	
							5	
8			3					1
9					6	2		
			9	7				5
	3				5			9
						8	3	
	2	9	4	3	8			

VERY HARD - 140

	7			9				
8		3					6	
	5				6	2		4
	9					3	2	1
3							7	
		8						
		7		2	5		4	6
			8	7				
	2				9		8	

VERY HARD - 141

	3				2			
	6			3	7	1	8	
			4		8	7		
	1							
4	7					2	9	1
	5	3						
		6						
	4			1				5
	9			8	5	6		

VERY HARD - 142

				6			8	4
8	5		4				9	6
		9						
	9			3		7		
1	3				8			5
	2		6		1			
				9			6	
			3			2		
			2			8	1	

VERY HARD - 143

		8	4	2		5	1	
		7						4
		6					8	
4								
			9	3		7		
	2			1				5
	9				2		7	
6		4	7					2
			6		3	4		

VERY HARD - 144

2						4	8	
				2	7		6	
			3		1			7
4		1	6	7				8
					4		1	
						6		
	8					9	2	
6	7				2			1
			1	3		8		

VERY HARD - 145

6						2	9	5
		5		3	6			
	2				7			
		8	5		9	6		3
2						7	5	
3								8
		7		9	3			
			7	4				
	4		8					

VERY HARD - 146

								5
6		2		1		3		
9			4	5		2		
		7		9			8	
		1			6			
2	9			3				1
			1				2	
				6		1		
	8			2		9		

VERY HARD - 147

		9						7
			4		6			
			7		5	8		
		7					4	1
		4						6
6	5						3	
3					9		1	4
9			3		1			
5	4							2

VERY HARD - 148

			5	4			2	3
				2	6	8		4
		8	4					
2				9			4	
7	9						3	6
						5	8	
9	1				2		6	
	8				1			

VERY HARD - 149

				4		9		5
		5		6			3	
	1	8		7	5			
8								
7	3			5				
		4			1			2
	9		8					7
			3	1				
6		7				1		

VERY HARD - 150

		8	6	4				
3	9							
7			8					
				6				
			7	3			8	2
	7	2		8	9	3		
1					2			
		4				1		
2		3				9		8

VERY HARD - 151

	5					6		
				4			1	7
						9		3
9	4			5				1
7			6	2	8			
	2			1	9			
		2	3					
3					7	1	9	
						8		5

VERY HARD - 152

	7				2			6
9	4	1						
				5	4			
3				6		2	9	
					8			7
				7		3		
1			5		3			
		8				6	3	
			2	9				5

VERY HARD - 153

2				4				
		9	2					
	4		3				5	1
						1	9	
6							3	5
5		3	6		1			
	6	8	9		7			
	5							8
9			5			4	7	

VERY HARD - 154

1	4			3				8
5		9	8		4			
							9	
	3		5	6		8		
7								
	8	5		2	1			
		1				6	5	
3						2		
	5		4		3	9		

VERY HARD - 155

6								7
3			5		8			
	2					8		1
2	3					7		9
7		6			1		5	
				7		3	4	6
			7	1				3
		2				6		
					6			4

VERY HARD - 156

				5		2		4
7							6	
2	4	8	3	6				
				9	3			1
	5	3					7	2
4		2	1					
	1	4			8			
	8						5	
		9						

VERY HARD - 157

	7			6			8	
			5		1			3
				8				2
	4		6					
								5
		1		3			9	
2			9	4	6	8		1
	6		8			7		
	8	5			2			

VERY HARD - 158

	5				7			
			9	4		3		8
4	6							2
		2	4					1
	7	6		1		2		
				3				
		5			8	1	7	
1						6		
							2	3

VERY HARD - 159

			9	3		6		4
		8	2					
	1			5		2		
		1			7		3	6
	9	6			5			
	4			6			5	
	6			8	9			
						1		
7	2		1				6	

VERY HARD - 160

9	2		1			7	5	
4			5				2	9
				9			1	
	6			4	1			
		7			5	6	3	
		2	6					
8		1						
					3			5
2						3		7

VERY HARD - 161

				3	1			
	5		7			4		
8							9	
		7	4					1
9				5			3	7
3						2		
			5	6		9		
			1	2			6	
	2							

VERY HARD - 162

	4						6	
8	3		6	7		9		
				3	4		1	
9		1		2		8		
							7	
				9			2	
6							5	
	1	9						3
		8		5		1		2

VERY HARD - 163

	2	3		5	6			4
							3	7
	7		5		9		2	
		4	8			1		5
				4				
	3	1		9	5	6	7	2
	6			8				
2				6		3		

VERY HARD - 164

			6	7				
7	6		1					2
				5				9
				3				
5		6		8		3		1
		1				8		5
	3				7			
				6		5		
2							9	6

VERY HARD - 165

			9		2		4	
			5	6				
	2	7						
5				2	3			4
	9	4				3		
		3		4				2
9		5	1					
	3					8		
	8			3	7		6	

VERY HARD - 166

				4				
	9		7				8	
				8		1	9	3
			8		1	2	7	
		6				8		
5	8	2		7	3			
9								
						3	2	
1	7		3			4		

VERY HARD - 167

	6	8	7	5				
	4		2	8				6
5								4
	2		5				9	
8	3	5	6					
								3
4	8		9		1			
		6			7			
		2					3	

VERY HARD - 168

					1			8
6					3	2	1	
			7			5		
		6	4		2	8		
	2		8			3		7
4								
5				8				
2	7		6					9
		1			7			

VERY HARD - 169

			9				6	
	8				5	9		
	7						3	1
							7	
					2		5	3
		7	3	6				4
6				1		4		
	9		6					5
3	1	5			7	2		

VERY HARD - 170

	7	5	2			9		
		6		3	4			
					8	7		
	6				2			1
		8				3		2
				7	9	6		
	8	2						
	9	3						7
4			1	9				

VERY HARD - 171

9						3		
3	4		2	9	5			
					8			
			7			5		
7				4			1	3
	5	1						
	8	6	3			1		
						9		5
	3			7			2	

VERY HARD - 172

9			3					
			1		7	5		
3	7	2		8	9			
7			2			1	6	
							7	4
		8		9				
		3		1				
						3		5
8		4						

VERY HARD - 173

		7			6			
9				7				4
	2		3	1				
3			8		5			
				4			2	
		1	7		3	4		
					8	6		
							1	3
5	8	3					4	2

VERY HARD - 174

		7	9					6
5	6					8	4	
				4				
		1		5				
					9		1	
		2		6	3	4	5	
				7	5	3		
		9		1				
	4					1		

VERY HARD - 175

		1				2	9	
			3	8				5
8				1	2			
	8				7			
	9			6	5			7
3						8		
			1			5		
6		9				7	4	
								2

VERY HARD - 176

						3	5	
5					6		7	
	6			3	4		8	2
9				7			4	1
3								
	4	1					9	
2		8			7		3	
	5					9		
4					8			

VERY HARD - 177

4			2		8	7		
8						4	2	6
			3	7		9		
								8
		4		3	7		9	
5			8		6		7	
		8	7		2			
	1				3		6	
	5			9				

VERY HARD - 178

	4						8	
				6		4	3	
6	5	9					2	
	6							
					1	2		
		7		9			5	6
		5	9	3				
		8	2		5			
9	2		1		4			

VERY HARD - 179

				8				
			4			2		
3	5					4		1
9					2		8	7
	3		1			5		2
			3		7		2	
6	4		9					
	7	3	5					4

VERY HARD - 180

8				5	4		7	
					6			
	6			8			9	3
4						3		2
	3			6				
9		1		4	3			5
		7						
			6	9				
						5	8	7

VERY HARD - 181

9				6				
	2			4		5		
4	5			8				
	8	1					2	3
		2					6	7
			1		6			
3					5			
		5			3			1
8	1			7				4

VERY HARD - 182

3				4		5	7	9
7			6	3				8
			2			6		
					3			
	1	7		2			8	3
		8	7				5	
			4		5	9		
	4						1	
		2		1				

VERY HARD - 183

		9		3				7
	5			6	4			9
1				9				6
9							5	3
	4		2					
				5			6	
4							9	
			4		5	6		
	6			1	3	7		5

VERY HARD - 184

								1
				4		2		
		9	5			8	6	
				2		4		
2	4	5			8			
6		1		9		5		
				3				5
		3		8	4		1	
8	6					3		7

VERY HARD - 185

2				4		8		
					2		9	7
3	1							
		5				9		
		7			5	4		6
	6					2	8	
	8				9			
9	3			6				
5				1				

VERY HARD - 186

7			8	5			4	
6					3			
	9			6		5		7
		3		2				
							8	9
	8	5	9	1				4
						6		1
	6		5					
		2			1			

VERY HARD - 187

		2					9	
4	7		1				2	
1						7		4
8	1	4	2			3		
5				8				2
		3		9				
9		5	3		2			1
			7		8			
				5				

VERY HARD - 188

		3				1	2	
6						3		
8			1				7	6
			9	3				
				2		4		
5	2		4		6			8
7			6				4	
	4		3		2			
	8							

VERY HARD - 189

3			2			9		6
5	4							
			6	8				4
	9				1			
						5		
4		7					6	
9		3				1		
2				9	5		4	
			3		8			

VERY HARD - 190

	6		5	9				2
	8		3		1			
	1				4	6		
4		5	1	2			8	
3							2	5
			7			3		
		9						
	4							
			8		2		4	9

VERY HARD - 191

						7	2	4
		3	6	5			8	
4			7					6
5				7				
9		6				4		
					9			
8		9					4	
6	7							
3		4		8	6	5	7	

VERY HARD - 192

5	8							
			9		3	5		
	3	1		2				
3				4				
					9	6		8
6							1	
8		6					7	
4						1		5
		5	2		6			3

VERY HARD - 193

				2				
	6	1	7		5			
			6			9		8
	7	6			3		4	
2					6		7	5
	4						3	9
4					7		9	
6	8		4					
	9	7	5					

VERY HARD - 194

				7		6		
8	1		6			3	4	
4							7	
2	8	5	1					
			8					
9			2	4				
					1	2		
			4	6	3		8	
3	4						5	

VERY HARD - 195

	5		9		4	6		
	3			2			4	8
1		6		3			9	
			5	8				
		9						
3	8				1			2
						7	5	3
		4	6					

VERY HARD - 196

	9			6	4		8	
		4	1		3			
			9					6
7		1		5	6			
		9						7
			3		9		2	
	8					4	7	
3				4				
	6		8			2		

VERY HARD - 197

2			1					
				3		9		
	4			5		7	8	
	8			7				
	2				8			
					1		6	4
			4					9
		1			7			
3						2	5	

VERY HARD - 198

				8			7	1
1	5		3		7			8
3				9	1			
8				4				5
						2		6
							3	
		1			3	4		
6								2
	7				8	9		

VERY HARD - 199

8		2	6		4	3		5
					3		2	
	6							
	5			2				1
				3	1			
		3		4				
4							7	
5	7				9		1	
9					2	6		

VERY HARD - 200

	1				9			
7		4			3		8	6
					4		2	
	9		5				6	4
			9					
6	4		7					8
		5						
			4			8		
2			8			1		3

EXTREME - 1

1	4					7		
				7				
				1	2	8		
2	3						5	
	1							8
	6	4				9		
				2				5
6		8	7	3				2
4					8	1	7	

EXTREME - 2

9	1			2		3		
	2		8	4	1			5
	4							
6	5							
						1	9	
			9	7				
2	9			8				
				1		2		8
		8	6					

EXTREME - 3

5	9		8			3	1	
7			3					2
							9	
3							2	9
9		6		4				
	4				8			
		9			3		6	
	6		1				5	3
8			5					

EXTREME - 4

	8	6		1			5	4
4	7					3		
						5		
	9				6		7	
7	5				8	4		3
				3		1		9
		3	1	9				5
			7					

EXTREME - 5

			9			4	5	2
								1
		4		2		9		
7					9	3		5
		8				6		
2	5		4					
								8
		9		8	2	1		
	3			1			4	

EXTREME - 6

			9					
	5							
					4	2		6
1			5	2			4	
		9						
	6		8	3			2	
6	8				7			
	9	7			3			1
	3	5	2					

EXTREME - 7

9	7					5		
	2				6		1	
				8	5			
	3	2	8					
			9		7		2	
8	9		4			3	6	
1				7				4
4	6							
			5	4			9	

EXTREME - 8

5	8			6			7	9
7	6		2					
	5					7		
8		4					9	
				8	4	2		
6			1	7				
			3	2	8			1
1						3		

EXTREME - 9

2							7	1
	9	6				8		
				8		2	3	
	3	4		6				
1	7		5				6	
			9					
		2	6			4		7
	4			9	1			
3							2	

EXTREME - 10

	4					5		
				2	3	1		8
					5			3
	1	7			9			
9								
		3		7	2	6		
4	6							
						3		5
		1				7	2	

EXTREME - 11

		1		2		9		
7					5			3
		3	9					
3		9	5		1			
			2	9				5
			4					
8	6					1	4	
		7	1			6		
				7	4			

EXTREME - 12

	6		9			1		2
	2				4	8		
4	9							
	1			2				
			4				8	7
7				6	3			
		9						
6	8		5					
5				8		6		3

EXTREME - 13

	4	1						
9				3			1	
	5			7		2		9
			4			7	8	
8			1	9		6		
		5						2
		4						7
	3	9				1		
					5		9	

EXTREME - 14

		6		1				8
		5	7					4
1				8	6		3	
		2					9	
7						5		
4					3			1
			6		5			
								9
8				3		1	2	

EXTREME - 15

6	2		4		7		5	
	3							2
		4		8				1
	7	6		5	3			
					6		8	3
		5		4				
					5	3	1	
			1					
5							9	8

EXTREME - 16

		8	4					
		9	3	7			8	
				9	6	5		
	9			8	3		5	
					1		6	3
						1		
5	1			3		7		4
4							3	8

EXTREME - 17

9	8						3	
			1					
1		3	6					
		8	5			3	4	9
				9			7	
		6		7	4			5
					5	2		8
3			7					
					2			

EXTREME - 18

		7			3			
	8						3	4
5	2			9				
			6		1		2	
						4	9	
6			9		5	7		3
		1	4	8				
7							5	2

EXTREME - 19

2	6		7					
						6	9	7
8			9	4				
3			5				4	
				7	9	5		
		8						
	3	4					7	9
		2			5	8	3	

EXTREME - 20

4		6						9
		9	2	5				
7					9		3	
						3		
2		5	3	8		6	1	4
			1				8	
		1				8		
				3				6
		4	8		2	5		

EXTREME - 21

				1				
					5		7	2
1			9		3			5
		5						4
	9		2			5		8
							3	7
				7	6	3		
	6		5			2		9
	5	4						

EXTREME - 22

1	5	6						
				7				3
3					5			2
					3			4
7				2	8			
9			7		4			
	4		9			5		
		7				2		8
	2			8		4		9

EXTREME - 23

				9		5		
8		1						
	2						6	
3								
	9		2					3
				7		6		8
9					2		3	7
		2				8		
	7		5	6				9

EXTREME - 24

3				6				8
	4	7			5			9
6	5							
			1				3	
					3			1
	7		4				8	
	8		7			9		
		9					5	
						2		

EXTREME - 25

				9				
7					1		8	
9			7					2
	9	1	4					
				3		2	9	5
		3						
3		2	9			5		7
	4	5	2				1	6

EXTREME - 26

	5		9	2		3		
		4		1	7			
	9					7		
5					6			
8	6					1		
	7	9					6	
			8			2		1
				5				4
3		2				9		

EXTREME - 27

6			7		5			
		3	9					
2	9	5			8	1		
							1	
			1			9		8
	1	9						7
9	6						8	
			8		4			
5				2				6

EXTREME - 28

1				9	5	8	2	
3		4				5		
8						1		
		3			4			
6		2	1				9	
	1			3				
							1	
	5	9		7	1			
	8						4	6

EXTREME - 29

	8							
	5			3		4	8	
		1						7
		5	8	4		2		1
		4	5	7			9	6
8					4		6	2
		6			1	9		
4			7					

EXTREME - 30

	5			9			8	
		4					2	7
	3		2			1		
					4			
			5	6				9
			9			5		3
							1	
7	6	9						
	4	1		3				6

EXTREME - 31

		3			1			
					4		7	
	2						3	1
1				6	8			7
5	3		4					
		7						
	4		8	2	7			
		8	1		3	4		
					6		1	

EXTREME - 32

			8		9	2		7
9	4			3	5			
	2			4				
	1			2	3			
8	5				4		9	
			5					
1						7		
		5					8	
4			3				2	9

EXTREME - 33

8				9		3		
					7			
		1					9	
			7	3	1			
7				6			3	
	4						2	
	8				6	2		
9				8			4	
2		5			3	8	1	

EXTREME - 34

4	9			6				
				4				
	7	5		3			2	
		4						
			3			8		1
	3	8					9	
5			2			4		
2	8		1			9		
		7			6	1	8	

EXTREME - 35

	7			3			2	
9			8				5	
	4				1			8
2				4	3	7		1
6			5					4
				2	4	1	7	
		6	1	8				
		9						

EXTREME - 36

2								5
		3	5			1	8	
		5		9		2	3	
	7							
1								
8		9	4			6	1	
6					2	9	5	1
4				8	7			

EXTREME - 37

	3	5						1
			7		2			5
7				3	9			
3		1	2					
			8				4	9
				5	7			
4	6					7		
2						4		
			3			9		

EXTREME - 38

9					6		3	5
				1				
	4	8			9			
6	8			7		4		
		1			3		2	6
4						2	7	
					1			
2	5			9				8

EXTREME - 39

							2	
	4		5	7	6			
8								5
			7				9	
3	6	2	8					
		9		6	1			2
6				9			8	1
		8	1			9		
					3			

EXTREME - 40

9						1		
	7		1				9	4
	8	1		7	4			
								8
5		9				3	2	
		2	4		3			
7								
			2				1	
	3	8	7			5	4	

EXTREME - 41

	3			9				6
6	7			2	5			9
					1			
				3		5		
			5	6			7	8
4		8				7		
1			6	5			9	3
				8			2	

EXTREME - 42

	1	5	6					
	4	9			2		8	
		6	3	4		5		
		7		8				6
			4	3				8
4							2	3
6						4		7
	2							
			1					

EXTREME - 43

					9	1		
			8		3			5
2		4					7	
	3				5		4	
8				6		5		
							8	
		7	2		8		9	3
	6			9		4		
		5						

EXTREME - 44

						3		
	9	8	5	3	7			
	4						5	
7	1			9	2			
		4			5			9
							1	6
				2	1			
		5	6			4	3	
								7

EXTREME - 45

	1			9				6
	9		3	5	6		4	
		5						
5					7	2		9
2		1						
3					8			
	4		5	7		1		
				6				7
					4			

EXTREME - 46

7	3		4		2		1	
4							9	
1				9				
5	6				4	2		7
								3
		4	3	5				
						9	7	8
				7	9			4
	5							

EXTREME - 47

3				8		4		
					5	3		
4			3			2	5	
				9				5
6		8					2	
	4			2	7			1
	6	5	8	4				
					6			
7		4				9		

EXTREME - 48

	6						8	
	1				7	2		
		7		1			9	
	9			2				7
		4			1			
2	7		8			6	5	
					2			3
	8	5	1		3			
				5			6	

EXTREME - 49

					3		2	
	9						7	
2				7		6	5	
	5	3		2				
	7			4				
4					9			
	4			8				2
7	3				2	9	8	
							3	4

EXTREME - 50

								5
4					3			
	1	7			6	2	4	
						7		
		5	9	8			6	
				6	4			
		9					7	6
7					2		1	
			5					2

EXTREME - 51

5		1			8			9
			7					1
	4		9		2		8	
3		8			6			
		4		8			5	
			5					6
		3		2				
		2		4			1	
6	8							

EXTREME - 52

		7	9	5				
					7			6
				3	6		8	
4					9			
	8			2			6	
5	7							
						4	2	
			5			7	3	9
	9		2		3	6		

EXTREME - 53

					7		2	9
	7		9	6		4	8	
8			4		5			
				2	4			
2		3				9		
	5		1	3		6		
		6				2		
						3		5
			6				4	7

EXTREME - 54

	1							2
		3	4					
5	8				3			
		5				9		
				3	5	2	7	
			7					1
3	5		1		2			8
6				7	4		5	
		1						4

EXTREME - 55

		9			7		4	
		7			6			5
				1				
		2	6	9			1	
					8	6		
	3							
							2	
3	8		4				7	
7		4				1	3	

EXTREME - 56

	1		5	4			9	2
8					3			
	5		6					1
5		8		2				7
4	2					6	1	
			4			9		
1							8	
7						5		4
					8			

EXTREME - 57

	9	8			4			6
				7		4	3	8
			5					
	2				8	6	7	4
	8				3			
		7		2				
8				4				
		3		1				5
						7		2

EXTREME - 58

	8			3				6
4			6					
		7					9	4
1	7			5				
				2			1	
5				9				2
	5			6				9
			8					5
		6			1			

EXTREME - 59

								8
	1					5	6	2
		6	5			7	1	
		4		1				
6			2			3		
	8			5			7	
3			9					
4	2	7					8	
		1						5

EXTREME - 60

			8					
			4			2		
8	5	1				9		7
3						5		1
	1	9						
	4		9	2				
				5				
		5			8	7	6	
	2		7		9			3

EXTREME - 61

				6	1			
7				5				
		8	2					
					5		8	
	8			4		2		6
				3		7		4
2		6						9
		9				1	7	
	5		4	9			6	

EXTREME - 62

			4	3	8			7
6		8						
		4			9	1		
						9		
						5	8	2
9			1					
		9	5				6	
4			9			7		
	2		7		4		9	

EXTREME - 63

3					1			
				5		8	2	
							7	
	2	3	9					8
5					6			
4		9						2
9		7		1				
	1		2			3	4	
		5		4		9		

EXTREME - 64

		6			2		5	
				4		9		
1							8	
		8		9	5			6
		3		7	6	4		
6			2					
8		2					6	
9								
	4	7	1					

EXTREME - 65

5			7				8	
		8						3
		1		6	3			
		6	1				2	
	9				4	3	5	
7					9	2		
1						5		
6			5	4			9	8

EXTREME - 66

4				9				
		8				2	9	
		7		4		8		
			2	1				
	7							
1	2		6	8			3	
3	1				4			9
6		2						
								3

EXTREME - 67

1	2			3				
5		8			4		2	
			7	5			1	
	4				3	6		2
		6						
2	8					7		3
		7	6			5		8
					8			
				1	7			

EXTREME - 68

					5			4
	7			6		2	9	
		6		4		1	7	8
9								
			1	9	6		4	
				7				
2				5		7	8	
	1	3						
7			2				3	

EXTREME - 69

				1				
	9	7				8	3	4
4	8							1
			8	7			5	
8		6				4		
					2		7	
			2		5			
7					9		4	
5			7	4		9		3

EXTREME - 70

7		8	4					
	4					6	7	
	9	3						
			6					
			7		3		9	6
	2	9		5				
3					6	5	4	
9				3	8			
						8		3

EXTREME - 71

				5	3			
7			8					3
	5				9		4	
		9	6	3	1			8
						2		
8							7	9
9	4		1				6	
				6		7		
3					5			

EXTREME - 72

4						2		
	6					5	1	7
			2				4	9
	9				8			
		8	1		4		6	
	1	6		7	2			
				3	7		9	2
		5				1		4

EXTREME - 73

5			2		9	6		8
	9						1	2
		6						
	5							
		7				4		9
		9	8	1	5			6
		3		9				
						8		
4			1	7				

EXTREME - 74

1					5	6		
6	5							
				7			8	
2					7			1
		7			6	8	4	3
			5		4			
		2			9			
7	4			2	1	9	6	

EXTREME - 75

7				9	6			8
		3			1			6
2				8				4
	2					1		
3	9	8			7			2
				6				
	1							3
5							8	
		4	8		5		2	

EXTREME - 76

						3		
		9	5		1	2		8
				7				4
			1			8		
	8	2			3		6	
1			2	9				
	7			1		4		
		3	6	2		9		
		8	3					

EXTREME - 77

	3		5		6			
	4	9				8		
							9	3
		2					1	
			9		8			5
4	6		2					
5							3	
				6	1			
8		4			2			1

EXTREME - 78

		4					8	
		6		8				3
	5	9						
				6			7	
1	2				7			
3							5	
				5		1		8
			1				6	2
			8		6	4		

EXTREME - 79

		5	7	8				1
2				5		4		
		7			9	6		
	3						2	
				7				
4		6						
8	1			3			6	
					4			
			6			7	9	

EXTREME - 80

	1		9	5			2	
						5		
2	3					9		7
					4		7	
	2						6	1
		8				2		3
		3		2				
				4	1			
	9							8

EXTREME - 81

		5		4				
		3			7	6		
8		7						5
				8	6			7
	3		1				9	6
2					5	1		
					3	7		
		2			4	9		
				1				4

EXTREME - 82

		1			2	8	7	
			3					6
		5	7		6		4	
		3						
4			9		5			
	9			6		2		
6		2			4			7
				8		6		
	7							

EXTREME - 83

7						2	5	
		6	1					
	1		8		3			
	4			1				
2								
		5		6				7
	2							
		1			9	4		
	8				4	3		2

EXTREME - 84

					1			7
				9			6	5
7	4		5		6			
	6				8			
8			2				3	
5		4						1
				7			1	
4						2		
			9	2			8	4

EXTREME - 85

		8		6		5		9
		3	5					
6			4			8		1
	4						9	
9								
			3				7	4
	6		9	4	2	3		
					5		8	
	2					7		

EXTREME - 86

1		7		9				
	6							
					2	7	1	5
	9		6		8	5		
		5		2				4
					5	8		
		2			6			
4				3				2
	8						6	

EXTREME - 87

				1	6		8	
	7		3			1	2	
	2				8			
		3	9					
9								5
1	8						7	
				3				
		2	4				5	8
	1		5			2		4

EXTREME - 88

	9				4		8	
			2	7				
						3	6	
3		1		8				
		9		5				6
								4
4			1			7		
5			8	3			9	
							5	

EXTREME - 89

						7		
		5	1	3				
	6	3		9			2	
	2			1		3		4
8	4		6				5	
5								
		8	5	2				
							9	
	1				4			6

EXTREME - 90

				4				
			9		2			7
3						2		
5	3				7		1	
			4			6		
7				3	1			
6	8				3		4	2
				9	4		6	
						1		

EXTREME - 91

							7	9
8				2		5	6	
					4			
9	8	7			5	4		
5			3					
			9					7
	9						3	5
	5			1	2			
		4			3			

EXTREME - 92

			2	8	5	7		4
	5		1					
				4	3			
	6	7						8
8	4					6		
1		9					4	
		8	3				6	
		1	8	7			2	
	7				6			

EXTREME - 93

				7		5	3	
				8		4		9
1								7
					2	6		
	4	1	7	6	3			2
7								
6					1	9		4
		4		2	9			1

EXTREME - 94

		9		6				1
		8	5		3			4
				4			9	
	9	3	1	2		4		
	6					1		
								7
	1							8
							3	
3		7	9		8			

EXTREME - 95

						7		3
		6	4					
	9		1	8			6	
			7	6		9		
		3	9			5	4	
	2	9			7			
6		5	3		9		7	
3		8					2	

EXTREME - 96

		5					7	
		4				2		
3		7			6			9
		8	9		7		2	6
								1
						4	9	
			3					
			2		9			7
6	1			8			4	

EXTREME - 97

			8	5		9	1	
		6						
			2	4				6
		1						
	6	2	3					
9	8					2		7
			1		4			
			7	9	8	3	5	
				2			8	1

EXTREME - 98

1							8	
				1		2		5
				6			4	
			2		4			8
6		8		5				3
		9					7	
					5		9	
9						8	1	4
	2		8	4				

EXTREME - 99

	5		6		1	3		
4					3			
1							7	9
				2				7
						4	3	8
			4		9			1
		2					4	
		1		3		5		
8		6				1		

EXTREME - 100

		5		8				
	7		9					1
2	4				6			
							6	
					4		3	
4			1	5		2		8
			3					
			8	1				3
8	6		4		5			

EXTREME - 101

9				6	8		3	4
		3					1	
	2		5	3				8
3				2			4	
			8		1			
		2						
4			2			7		9
	5	6						
7	8						6	

EXTREME - 102

3						8		
			9	5				
	4							6
	5	4		8		7		3
6		8			5			
	3	9						4
					1			7
4		5			3			
		1		2	6		4	

EXTREME - 103

		1		5				
			4	6	1	7	3	
								6
	1							5
	5				2		8	
		9			7			
	8			3			2	
5		7			4			
3					8			9

EXTREME - 104

			5		2		1	7
3		2	7					
		8					2	
			9				8	
		5			6			
4			3					9
8		9		3			4	1
1		7			9			6
							7	

EXTREME - 105

5			6			2	
			3			9		4
8					1	7		
	8	3	7		4			
6	2							
	1							
	7			8				
		2		4				1
					5	4		

EXTREME - 106

			1			4		
		2					1	
8		6	3					7
				6	7	1		
2						9		
	4	1		2		5	3	
3			6	9				
		4			3		5	
					5			

EXTREME - 107

2			1			5		8
	1							
		5			7		9	
	2		5				7	6
							2	
				7	9			
			7		4		6	
4	8				6			2
3		6		1		8		

EXTREME - 108

			3	4			2	5
1			7				3	
		9		2			4	
						2	7	
				3				
6			9					
9	5	3	4					8
	8			5				
		7					6	

EXTREME - 109

7						3		
			6					4
	4	5	7		2			6
	8	2						
			2	5		9		
	6				9		8	
		3			6	5		
8		4						
	7				1		4	

EXTREME - 110

		2	1				5	
	8			6		9		
			8			1		
		3			1			8
	4					5		
5	9		7		3			
7							2	
				2	4			9
		6						

EXTREME - 111

	6	3				8		
	5			6	1		2	
2				9				
	4					3		
		8	1	4				
	1		5		2	6		
				7	5			
			6					9
4		5	9			1		

EXTREME - 112

4		8			5			
			7					2
	2			8	6		4	
		4				8		3
		1	9	5				7
7	9			1			2	
6		5	2					1
					7			

EXTREME - 113

		3	9				2	
	7			2				6
6		8	5					
	9		7					2
				6	9	8		
							4	3
7			3				6	1
	1			8				4
4					1			

EXTREME - 114

							3	
9					3			
5		6			9			
				1			6	
2			8				4	
6			4	2		3	5	
		2		6				
	5	4						1
					2		7	5

EXTREME - 115

				8				
5	4							
						1		
6		7		2	3			
2			5				8	
4		5		6				1
			7			9		
			8	4				
		9		5		6		7

EXTREME - 116

	4			2	9			
			4	7		3	6	
					3	4		
						6		3
	5		3			9	8	
	1			8	7			
				5				7
6	8						5	
		2						

EXTREME - 117

		5				8	3	
3						4	5	9
	8				1			
			3		6		9	
1	7						6	
								5
							4	
7	3	8		2	4			
	2		7					

EXTREME - 118

		7	9				1	
					2		9	
1				5				4
7	6							
	9			8	3	5		
2								
			8	7		9	6	
					6			
				2	1	8	7	

EXTREME - 119

								4
				6				
			4	2	7			8
9	1				5			
			1	4		9		
					2	5		3
	2	9						5
5	8			1	3			
1	6		5				2	

EXTREME - 120

1		6	8			9		
	5		6			4		
	8			4	2	3		
		7					4	
3	1				9		5	
		5		7		6	2	
			2					
	7	8		5				

EXTREME - 121

3		4				6		9
					5		8	
	1	7						
			6	5	2	7		
		1					5	
	7				9			
	2		8			1	4	
4		5						3
					7			

EXTREME - 122

9				4				7
						1		
6			7	2		5		
		2		3	5		4	
8	3	9						
5		1		7				
			3	5	8		7	
			4					
	8						2	

EXTREME - 123

	6			7	1			
3			8			6		
	3			9				5
		2						7
4		9					2	
					6	4		
		6		2			3	9
		4	1	8		7	5	6

EXTREME - 124

	4		9					
6				2	7			
		7	4					1
9		3				6		
4					1	9		3
	7				3		4	
				3			5	
7	8				9	4		
	5		6					

EXTREME - 125

2		3		4				
						7	9	3
					1		2	6
	4			5		1		
				9	4		3	7
			6	1				
1		5			7			4
	8	2						
								1

EXTREME - 126

	2	5						8
9						7		
			3	7	8			
8			1		6		9	
2		1			9		7	
		2						
1			6	4				
4	3	8		9			1	6

EXTREME - 127

	9		4					6
3			6	9		2	4	
1						5	3	
	3				7		5	
				8	3			
2								8
	4					7		
						9		
9			1			6		

EXTREME - 128

		8	6		9			
			7		2			
								2
2				4				5
		6	3				2	4
		7			5		9	
	8	3		6				
		5				7	3	
	1					8	5	

EXTREME - 129

			8	5		6		2
			6		1		9	
4				9	3			
8		9				7		5
2								9
			9					
9	4				5			3
		8		3				
3		5				2		8

EXTREME - 130

8			1			9		
2				6	3			
	8						6	1
		7		9	1	8	4	
					2			
		2			8			
			9	7				3
5	6						7	

EXTREME - 131

		1			3	5		
								8
		2		5	6		3	
	7					2	9	
8								
				4	5			
				9				3
9			8	3		7	4	
1	5						2	

EXTREME - 132

	9	3						5
	5	1	2		9		8	
2								
7	1		9	4	6		5	
			1		8			
	6				2			
4						5	1	9
							2	
		7	8					6

EXTREME - 133

					8			7
		5				4	1	
7					1		6	
8								
	6	3	4					
	5				9		2	8
3		7						
				9		6		
		1				2	7	

EXTREME - 134

				9	2	5		
					7			
3	8							
		2	3	7		1		
					9		6	5
4			2				9	
	2							1
			9		1	4	3	6
		1	6					

EXTREME - 135

			8			1		
	5							
2					3			
	8				1	5		9
		7				4		
	6				9	2	8	
1	7		2					
						8		
5		9	6				3	

EXTREME - 136

			9		4	7		
7		5	3					1
	4			1				
							5	
	1	7			2			9
8							1	3
4				2				
	3		8				2	
		8	5		9			

EXTREME - 137

			6	4	3	5		
			2			8		
	6			7				2
5			7		9			
		2		3				
		6	4			9	5	
9						4		
		5				1		7
4							9	5

EXTREME - 138

					5			7
9		5				8		
		3	4	7				
						6		
7				2			3	
1	6		7	3				9
	1							
2	3					5	6	
	8							4

EXTREME - 139

			6			8	7	5
	3		5	7				
		2		1			3	
				8				1
7			4				5	
	4	6			2			
	1					2		7
							4	
		5				3		

EXTREME - 140

	5		8					4
		3	1	9				
4								
	7	6			5		9	
5	1			4		7		
		7		2				8
				1				
	8	1		6			7	3

EXTREME - 141

		9			5			1
						6		
	5	1						
2		8					9	
1		4	6		9		3	
						7		8
				7		3		2
			4		3	5		
		7	1		6		4	

EXTREME - 142

2			4					3
					7	9		5
7	8			9			2	
	2					4		
9		1				5		
	7		3		6			
5							1	
				4	1	3		9
					2			

EXTREME - 143

	8		7					
		9						
				5	1		3	
	5			3				4
		3			7		8	
2		1						
			1		2	4		
4		6						1
		8			4		7	6

EXTREME - 144

1			9				5	
6		5					8	1
		7		2				
				7		3		
		9		5				2
						6	1	8
					2			7
						5	6	
8			3					

EXTREME - 145

		9						
	4	7				2		3
	3		1			6		
		2						5
	8	5	3			7		
					7		4	
9			5	3			2	
					2		6	7
						8		

EXTREME - 146

						3		4
	1	8						
4	5	7		8			1	
		2	5		8			
					9		4	
	8				2			
		6	3				9	8
	2						7	1
		5			7	6		

EXTREME - 147

	9			4		3	1	
					5	6		
		2	1		6			4
8								2
	1	4						9
							3	
1	3					2		
					8	9		
	7			9	3			

EXTREME - 148

	1	7					8	
	5	2						7
		6			7	3		5
						5	2	
			6					4
		9		4		7		
								3
4				7	2		6	
		3	4	9				

EXTREME - 149

		9	6			1		
	4	7	2					
					1	4		
				2			4	5
				5		3		2
9	5							6
2		1					9	
				4	8			
	8					6	7	1

EXTREME - 150

3					9			
8				4			3	1
				7				
	1	5	7		4			2
2	6			9				
4		8	2		1	9		
								8
1		4					6	5
6			5	1				

EXTREME - 151

			6	3				4
8				5	2			
				8				7
		6			5	4		1
1								
9	2					7		8
3	8	4					2	
		1	9					

EXTREME - 152

			3		4			1
		4	9		8	5	6	
					2			
3		8				1	4	
								9
	4	9	1			2		
9			4					
7								6
	6						2	7

EXTREME - 153

4								
		9	6		8		3	7
3						1	9	
	7			5	2		4	
			9					
	5			6			7	8
7		4				9		
1								5
						4	8	

EXTREME - 154

1		7				6		
	3	8	2	4			7	
9			3				5	
			8					3
			9	7		8	2	
		3			8	4	1	
					3			9
7	9					2		

EXTREME - 155

			2			1		
5					9			
			7	1				
					6			
	8							4
4			3			5		9
	6	7		8		2		
		2		6	7			3
		3					6	5

EXTREME - 156

			3	1	7	9		
9								
					2		1	
	6						4	
			9				8	1
			5			7		
2		3		5	6			
8	7					6		3
		4		2				

EXTREME - 157

		6	5	7	2	9		
		3						1
	7							
7	9			8				4
		5				8		
4			1				3	7
						4	6	
6			3	1			2	
				5				8

EXTREME - 158

9		6						2
	7	1					3	
			1		7			
	9						4	
			2	1	5	8		
			9			2		7
	8						2	4
	1	3		7	4	6		8
					1			

EXTREME - 159

	7			6		1		
2			9					8
		6	2		1			
				3				6
		4					7	
	1						9	3
		7						1
		5	1	4			2	
	4				5			

EXTREME - 160

6		1			5		7	
9				7				5
7	8				9		1	
	1					9		4
8							6	
				5				
	7					4		2
			8					
2				1		7		6

EXTREME - 161

		2				6	5	
	9		2					
		4	8			3		
		3	4					8
								6
		5						
4			5				9	
7				9		4		
	6			4		2	7	

EXTREME - 162

	7	1	8					6
6			5				2	
					9			
7			1					5
	4							
5			3	9			6	
	1	5	9					8
				5		7	3	
	3		6					

EXTREME - 163

		4						
	1		5					
7	3							8
							2	
4			6	2	1			
6		8			4		5	
						5		
			1	8		6		9
3			4			2	1	

EXTREME - 164

		1			8			6
				2				
		5			6	8	4	
3	2							8
							7	4
6				9				
				4	2			7
							5	9
9	7	4	8			2		

EXTREME - 165

		2			3			
			6			4		
			1		2	6		
	2	1		9	6		8	
	9			1				
5						7		
2	7							
	8	3	2				5	
							6	1

EXTREME - 166

		3	8			5		9
			2				6	
				1	6	2		4
		6		7				
	9		1					
2		5			4			
			4		2	6		
9						3	7	
							9	2

EXTREME - 167

		8	5		9			
	4	3					8	
	5		2					
		5	6			8		
	2			5		7		
4	9							
			9			6		
	6				1		2	3
7							4	

EXTREME - 168

6					4		2	
7	9			8				6
		3						7
	8					5		
				6			3	8
4							6	9
				7				
		2						4
3		4	2	5				

EXTREME - 169

		3		1			8	
6								4
			7		9			
			4		2			
	4							
1		7	8		6		2	3
		5			8			
8		6		5	4			2
			9					5

EXTREME - 170

				4	3			9
4			1				2	
	8		7		9			
	7	9					1	6
	1					3		7
				9		4		
			4	7			6	5
1				2			9	

EXTREME - 171

	7							
3	6		9				2	
4				7			3	5
	9		7		8			
					2			
8	2			4	3			
9		4		6		5		
						8		1
						9		

EXTREME - 172

	8						6	
5	7							2
			7			3		
			9		1	6		
				6			3	
			5	3				7
6		1			4			5
							1	
	2	3		1				

EXTREME - 173

9			7				4	
	7				5		3	
3					2	6		
			4			9		6
				7				
		5			1			
5		3	1					
						8		
	1	9			8	3		

EXTREME - 174

		5			8		1	
	8							3
3						2	6	
	6	9		7		8		
			2	1				
	1	7			6		3	
		2			1			
5	4		9					
	7		8				4	

EXTREME - 175

					1		7	
		3	7				8	
					6	1		9
								6
4	8						2	
				7				5
						7		4
	7	2		5			9	
1	3			6				

EXTREME - 176

			1					
	4			7	9	2		
			4	5				
				1		8	5	
3					8		4	2
2	1					9		
	7		5	3			2	
	2	9					3	6

EXTREME - 177

			6	1	3			
	6	1		8				5
3					4		9	
		5		7		1		
6				4				9
	9			2			7	
						4		
7	8		2					
5							8	

EXTREME - 178

	3					8	9	
				5	8			
1						3		4
		5	8		7			
							4	1
2								
4		2	9	3				
			4			7		
			5		6			3

EXTREME - 179

	8		9	3		2		
6			7			3		
	2					9		
	1	2	3			8		9
		7			4			
8	9		2					
	6							1
	3	1					4	
					1			

EXTREME - 180

4					5	7		
		9			3			4
	3			9	6	5		
		8						
		6				9		
			8	3				
						1	2	
7	4		9					
	2				1		7	

EXTREME - 181

		3				7		
6	9	4					8	
		8			4		5	
			6					
								8
	7	5		2				
					5		4	
	6			1	2	5	9	
4				6			1	7

EXTREME - 182

				5				9
		4			3			
		6						
9								7
	6							3
1				6	9	8	5	
		3			7		2	
			5	2			6	
2				1		9		5

EXTREME - 183

					5		4	
			6					
		2	9	7			8	
2								1
	3		7		1	9		
5					6		3	7
		7		5	4			
6	9	1						

EXTREME - 184

	4			6	2			
			7			4		3
3					4	2		
4	5		8	9				
2		8				3		
6							7	
		3	1		7	5	6	
						7		
				4				

EXTREME - 185

2	4	3				7		
8		5		3				4
						2		9
9				2	6			
				4	1			
	9		3					
3		2				1		
	1	6		7	2	9		

EXTREME - 186

1				9		5		
		4		5	6			7
7								8
6					2	3		
3			9			4		
					4			9
			4		3			
								5
4	1	2	8	6				

EXTREME - 187

	7			9				8
				1				
	1	6					2	
		1		3	7			
		5				1		
6		9	8			5		4
	4	7		5				
9			4					
						8		3

EXTREME - 188

3	6	1						7
				9		2	8	
			6					
8	2							1
								3
					5	6	9	
	3							
	4		1		7			
	7	5			6		1	8

EXTREME - 189

	9				6		5	
1								
		3				2		8
	3		7					
7		9		3			1	
2				1	5		6	
			3					
		7	5				8	2
	1	8				5		

EXTREME - 190

			4				3	
9		6	8					
		8		5		9	6	4
			7	3		2		
	3			6				
		9						
		1			7			
			1	8				
5		2						8

EXTREME - 191

	3	5				2	1	9
8					4			
9					3			5
				5			7	
1	6	2					3	
					1		8	
			2					
6		9		3				
		3		1			9	8

EXTREME - 192

	9		4	1	3			
1	6	4						5
3		1					9	
					5	8		
		8	1	6	7			
			3				5	7
7		9			6		4	
					9			

EXTREME - 193

							3	
	8	6						7
	2		8					9
	5			6			8	1
	3				5			4
		2		7			9	
				5		1		8
	7	5		4	9			
			6					

EXTREME - 194

4	6				2	9		
		7	6				5	
		5						
				4	3			2
8						6		
5		3			6		2	4
			3		7		8	
			5	9				3

EXTREME - 195

2							4	
		4		1	6		7	
		8					1	
				4				
	9		3			7		
1				9				6
9	6				3	1		
3								
	8		7				2	

EXTREME - 196

			6					
				5		4	2	
				4		3		8
7	5			6		2		
	6				7	5		1
	4							
		6		7				5
		1						
	8			2	1		4	

EXTREME - 197

	6				7			2
				8				
8							3	
9		5	2			4		
2					8	9		
			7		1			
6	5			2			7	
		1						4
				4	9			6

EXTREME - 198

					6			1
9	5		7		8		4	
	4				3	9		
	3					1		
	2			7	9			5
			4			3		
				8		2	9	7
		2						6

EXTREME - 199

	7				8	9		1
							6	2
9								
		5	9		7		1	
				5	1			3
2	1			8	4			
3	5			7		4		8
		4			5		3	
	8							9

EXTREME - 200

		9	8					4
			4			2		
	5			1				
4	1			3				9
								5
6			7	9		3		2
			6				1	
	4						6	
7	3				5			

HARD - 1

5	9	2	7	6	1	8	3	4
4	1	3	8	5	2	7	9	6
7	6	8	3	9	4	1	5	2
3	8	7	6	1	9	4	2	5
9	2	1	4	3	5	6	7	8
6	4	5	2	8	7	9	1	3
1	3	4	9	2	6	5	8	7
2	5	6	1	7	8	3	4	9
8	7	9	5	4	3	2	6	1

HARD - 2

9	3	5	8	6	4	1	2	7
1	6	4	2	7	3	9	5	8
7	2	8	5	9	1	6	3	4
6	1	7	3	8	9	5	4	2
4	5	3	6	2	7	8	9	1
2	8	9	1	4	5	3	7	6
5	7	6	9	1	2	4	8	3
8	9	2	4	3	6	7	1	5
3	4	1	7	5	8	2	6	9

HARD - 3

1	2	7	9	5	8	3	4	6
9	4	8	6	3	1	7	2	5
5	3	6	7	4	2	9	8	1
8	1	9	5	7	4	6	3	2
6	7	2	8	1	3	4	5	9
4	5	3	2	9	6	8	1	7
7	8	1	3	6	5	2	9	4
3	6	5	4	2	9	1	7	8
2	9	4	1	8	7	5	6	3

HARD - 4

8	2	7	9	1	3	4	5	6
6	3	1	5	4	8	2	7	9
4	5	9	6	2	7	8	3	1
2	1	4	7	9	5	6	8	3
5	6	3	4	8	1	7	9	2
9	7	8	2	3	6	5	1	4
1	4	2	8	7	9	3	6	5
3	8	6	1	5	2	9	4	7
7	9	5	3	6	4	1	2	8

HARD - 5

2	9	6	1	8	5	4	3	7
7	8	3	2	4	9	5	6	1
4	5	1	3	7	6	9	8	2
3	6	5	7	2	4	1	9	8
9	4	8	5	6	1	7	2	3
1	7	2	8	9	3	6	5	4
8	1	9	4	5	2	3	7	6
5	2	4	6	3	7	8	1	9
6	3	7	9	1	8	2	4	5

HARD - 6

2	9	5	1	4	7	6	8	3
4	6	7	3	2	8	9	1	5
8	3	1	6	5	9	4	2	7
7	2	4	8	9	6	3	5	1
9	1	6	2	3	5	7	4	8
3	5	8	4	7	1	2	6	9
6	7	9	5	8	4	1	3	2
5	4	3	7	1	2	8	9	6
1	8	2	9	6	3	5	7	4

HARD - 7

1	7	4	5	8	9	6	2	3
5	8	6	3	2	1	7	4	9
2	9	3	6	7	4	8	5	1
8	5	1	4	6	2	3	9	7
3	4	7	9	5	8	2	1	6
9	6	2	7	1	3	5	8	4
6	3	9	8	4	5	1	7	2
4	1	8	2	3	7	9	6	5
7	2	5	1	9	6	4	3	8

HARD - 8

5	9	4	2	8	3	7	1	6
1	3	2	6	9	7	8	4	5
6	7	8	1	5	4	2	3	9
4	2	9	7	6	1	3	5	8
8	6	5	9	3	2	1	7	4
3	1	7	8	4	5	6	9	2
2	4	1	5	7	8	9	6	3
7	5	6	3	2	9	4	8	1
9	8	3	4	1	6	5	2	7

HARD - 9

2	3	8	5	7	4	6	9	1
9	1	7	8	2	6	5	3	4
4	6	5	3	1	9	8	2	7
1	5	9	6	4	8	2	7	3
7	8	3	9	5	2	4	1	6
6	4	2	7	3	1	9	8	5
5	2	6	1	8	3	7	4	9
3	9	4	2	6	7	1	5	8
8	7	1	4	9	5	3	6	2

HARD - 10

7	2	4	8	5	6	3	1	9
3	5	6	4	9	1	8	7	2
9	8	1	7	2	3	4	6	5
8	7	2	1	6	9	5	3	4
4	6	5	2	3	7	9	8	1
1	9	3	5	8	4	7	2	6
6	4	7	9	1	8	2	5	3
2	3	8	6	4	5	1	9	7
5	1	9	3	7	2	6	4	8

HARD - 11

1	2	8	5	6	4	9	3	7
6	7	9	8	3	1	2	5	4
3	5	4	9	2	7	8	1	6
7	4	5	2	8	6	1	9	3
8	1	6	3	4	9	5	7	2
2	9	3	7	1	5	4	6	8
9	6	2	4	5	3	7	8	1
5	8	1	6	7	2	3	4	9
4	3	7	1	9	8	6	2	5

HARD - 12

1	3	2	6	9	7	5	8	4
4	6	8	3	5	1	2	7	9
5	9	7	8	4	2	1	6	3
6	2	4	9	7	8	3	5	1
7	1	9	5	2	3	6	4	8
8	5	3	4	1	6	9	2	7
3	7	6	1	8	5	4	9	2
9	8	1	2	6	4	7	3	5
2	4	5	7	3	9	8	1	6

HARD - 13

3	1	7	2	6	4	9	5	8
8	4	2	5	3	9	1	6	7
6	9	5	1	7	8	2	3	4
9	5	6	7	4	1	3	8	2
7	8	1	3	2	5	4	9	6
4	2	3	9	8	6	7	1	5
1	3	8	4	5	7	6	2	9
2	6	4	8	9	3	5	7	1
5	7	9	6	1	2	8	4	3

HARD - 14

7	1	3	5	2	6	8	4	9
6	5	4	7	8	9	3	2	1
2	8	9	4	3	1	5	6	7
1	4	8	9	6	7	2	3	5
9	7	6	3	5	2	4	1	8
5	3	2	8	1	4	7	9	6
4	2	7	6	9	5	1	8	3
3	9	1	2	7	8	6	5	4
8	6	5	1	4	3	9	7	2

HARD - 15

5	2	8	6	7	1	4	9	3
9	4	3	2	8	5	7	1	6
6	1	7	3	4	9	5	8	2
8	6	4	5	3	2	9	7	1
2	3	9	8	1	7	6	4	5
1	7	5	4	9	6	2	3	8
4	9	6	1	2	8	3	5	7
7	8	2	9	5	3	1	6	4
3	5	1	7	6	4	8	2	9

HARD - 16

7	1	9	2	8	6	3	4	5
2	4	3	5	9	7	6	1	8
6	5	8	4	1	3	9	2	7
1	8	4	6	7	9	5	3	2
9	3	6	1	2	5	8	7	4
5	2	7	3	4	8	1	9	6
8	9	2	7	5	1	4	6	3
4	6	5	9	3	2	7	8	1
3	7	1	8	6	4	2	5	9

HARD - 17

6	9	8	1	7	3	4	5	2
5	7	4	6	2	9	8	1	3
1	3	2	4	5	8	9	6	7
2	6	1	8	4	7	3	9	5
7	5	3	2	9	1	6	4	8
4	8	9	5	3	6	2	7	1
9	2	6	7	8	5	1	3	4
3	4	7	9	1	2	5	8	6
8	1	5	3	6	4	7	2	9

HARD - 18

2	5	7	9	3	1	8	4	6
4	1	6	8	2	7	9	3	5
3	9	8	6	5	4	2	7	1
6	2	9	4	8	3	1	5	7
1	4	3	2	7	5	6	8	9
7	8	5	1	9	6	4	2	3
5	6	4	7	1	2	3	9	8
9	3	2	5	6	8	7	1	4
8	7	1	3	4	9	5	6	2

HARD - 19

2	6	4	1	8	5	9	7	3
1	5	3	9	6	7	8	2	4
8	7	9	2	3	4	1	6	5
4	9	7	3	2	1	6	5	8
5	1	8	6	4	9	7	3	2
3	2	6	7	5	8	4	1	9
6	4	5	8	7	2	3	9	1
7	8	1	5	9	3	2	4	6
9	3	2	4	1	6	5	8	7

HARD - 20

5	2	9	3	7	1	4	6	8
3	6	4	8	5	2	9	1	7
1	7	8	9	6	4	2	3	5
9	8	6	5	2	3	1	7	4
4	3	7	1	8	6	5	2	9
2	1	5	4	9	7	3	8	6
8	4	2	6	1	5	7	9	3
6	5	1	7	3	9	8	4	2
7	9	3	2	4	8	6	5	1

HARD - 21

3	9	8	5	4	6	1	7	2
7	6	4	1	3	2	8	9	5
5	1	2	9	8	7	4	6	3
2	3	5	6	7	1	9	8	4
9	4	6	3	2	8	7	5	1
8	7	1	4	5	9	3	2	6
1	8	3	2	9	5	6	4	7
6	2	7	8	1	4	5	3	9
4	5	9	7	6	3	2	1	8

HARD - 22

1	5	7	3	9	2	4	6	8
3	8	4	1	7	6	5	9	2
9	6	2	5	8	4	1	7	3
2	9	8	4	1	5	7	3	6
6	7	5	8	2	3	9	1	4
4	3	1	7	6	9	8	2	5
5	4	9	2	3	1	6	8	7
7	2	6	9	4	8	3	5	1
8	1	3	6	5	7	2	4	9

HARD - 23

4	1	5	9	2	7	6	3	8
2	8	3	5	6	1	9	7	4
6	9	7	8	4	3	2	5	1
8	6	4	7	5	9	1	2	3
9	5	1	6	3	2	4	8	7
3	7	2	4	1	8	5	9	6
7	2	8	1	9	6	3	4	5
5	3	6	2	8	4	7	1	9
1	4	9	3	7	5	8	6	2

HARD - 24

5	8	1	4	6	2	9	3	7
6	4	9	5	3	7	2	1	8
2	7	3	8	9	1	6	4	5
9	2	4	7	8	5	1	6	3
1	5	6	3	4	9	7	8	2
7	3	8	2	1	6	5	9	4
4	9	7	1	2	8	3	5	6
3	6	2	9	5	4	8	7	1
8	1	5	6	7	3	4	2	9

HARD - 25

1	4	7	9	5	2	6	3	8
2	8	9	6	1	3	4	7	5
6	5	3	4	7	8	1	9	2
3	6	8	5	9	1	7	2	4
9	7	1	3	2	4	5	8	6
5	2	4	8	6	7	9	1	3
7	9	6	2	3	5	8	4	1
8	3	5	1	4	9	2	6	7
4	1	2	7	8	6	3	5	9

HARD - 26

8	9	6	5	3	1	7	4	2
1	3	2	7	8	4	5	9	6
5	4	7	2	6	9	1	3	8
7	6	5	8	9	3	4	2	1
3	8	1	6	4	2	9	7	5
9	2	4	1	5	7	6	8	3
6	5	3	4	7	8	2	1	9
2	7	9	3	1	6	8	5	4
4	1	8	9	2	5	3	6	7

HARD - 27

8	1	6	7	2	4	5	3	9
5	7	2	9	3	8	6	4	1
9	3	4	6	1	5	8	2	7
3	8	1	5	4	9	7	6	2
2	4	9	3	6	7	1	5	8
6	5	7	2	8	1	3	9	4
1	9	5	4	7	3	2	8	6
7	6	3	8	9	2	4	1	5
4	2	8	1	5	6	9	7	3

HARD - 28

7	9	3	2	4	6	1	5	8
8	5	6	9	3	1	2	7	4
1	2	4	5	7	8	9	3	6
2	4	9	3	8	7	5	6	1
3	6	1	4	9	5	7	8	2
5	8	7	1	6	2	4	9	3
4	3	5	6	1	9	8	2	7
9	1	8	7	2	3	6	4	5
6	7	2	8	5	4	3	1	9

HARD - 29

8	1	7	4	5	2	6	9	3
3	9	6	8	7	1	2	4	5
4	2	5	9	6	3	7	1	8
9	8	2	5	3	4	1	7	6
5	6	4	7	1	8	9	3	2
1	7	3	6	2	9	5	8	4
6	3	9	2	8	7	4	5	1
7	5	1	3	4	6	8	2	9
2	4	8	1	9	5	3	6	7

HARD - 30

6	4	8	5	2	1	7	9	3
7	2	3	9	8	6	5	1	4
1	5	9	3	7	4	8	6	2
5	3	6	8	1	9	2	4	7
9	8	2	4	6	7	3	5	1
4	1	7	2	3	5	9	8	6
8	7	1	6	9	2	4	3	5
2	9	5	1	4	3	6	7	8
3	6	4	7	5	8	1	2	9

HARD - 31

4	6	8	9	7	5	2	3	1
1	2	5	4	6	3	8	7	9
9	7	3	1	2	8	5	6	4
8	4	7	6	9	2	3	1	5
6	3	9	7	5	1	4	8	2
2	5	1	8	3	4	6	9	7
5	9	4	3	1	6	7	2	8
3	1	2	5	8	7	9	4	6
7	8	6	2	4	9	1	5	3

HARD - 32

9	7	4	2	8	3	1	6	5
1	8	3	5	6	9	7	4	2
5	2	6	1	7	4	8	3	9
7	3	2	9	1	5	6	8	4
6	1	5	4	3	8	9	2	7
4	9	8	7	2	6	5	1	3
2	4	1	8	5	7	3	9	6
8	6	7	3	9	2	4	5	1
3	5	9	6	4	1	2	7	8

HARD - 33

9	1	4	6	2	7	5	8	3
6	3	7	8	4	5	1	9	2
5	8	2	9	3	1	7	6	4
2	4	3	7	1	9	8	5	6
1	5	8	2	6	3	4	7	9
7	9	6	5	8	4	2	3	1
4	6	1	3	7	8	9	2	5
8	2	5	4	9	6	3	1	7
3	7	9	1	5	2	6	4	8

HARD - 34

2	5	3	6	1	7	9	4	8
1	9	6	5	8	4	3	2	7
4	8	7	9	2	3	1	6	5
8	6	4	3	9	5	7	1	2
7	3	5	1	4	2	6	8	9
9	2	1	8	7	6	5	3	4
3	7	8	2	5	1	4	9	6
6	4	9	7	3	8	2	5	1
5	1	2	4	6	9	8	7	3

HARD - 35

9	3	4	5	6	7	8	1	2
7	1	6	9	2	8	4	5	3
5	8	2	1	4	3	6	7	9
2	9	3	8	7	1	5	6	4
6	5	7	3	9	4	2	8	1
1	4	8	2	5	6	3	9	7
4	2	9	6	1	5	7	3	8
3	7	5	4	8	9	1	2	6
8	6	1	7	3	2	9	4	5

HARD - 36

7	6	2	9	4	3	8	1	5
1	9	4	7	5	8	6	2	3
8	5	3	2	6	1	4	9	7
6	1	7	8	2	9	5	3	4
3	4	9	6	7	5	2	8	1
5	2	8	1	3	4	9	7	6
2	7	5	3	9	6	1	4	8
9	8	6	4	1	7	3	5	2
4	3	1	5	8	2	7	6	9

HARD - 37

3	2	5	1	4	9	6	8	7
1	7	8	6	2	3	5	9	4
4	9	6	5	8	7	3	2	1
7	8	4	2	3	5	9	1	6
5	3	9	7	1	6	2	4	8
2	6	1	8	9	4	7	3	5
6	1	3	9	7	8	4	5	2
8	4	7	3	5	2	1	6	9
9	5	2	4	6	1	8	7	3

HARD - 38

3	9	4	5	6	8	2	1	7
6	1	7	3	2	4	5	8	9
2	5	8	1	7	9	6	4	3
1	8	6	7	3	2	4	9	5
5	7	2	4	9	1	3	6	8
4	3	9	6	8	5	1	7	2
9	4	1	8	5	3	7	2	6
7	2	5	9	1	6	8	3	4
8	6	3	2	4	7	9	5	1

HARD - 39

6	7	5	9	1	3	4	8	2
9	3	2	4	8	6	1	7	5
1	8	4	7	5	2	9	3	6
8	4	9	5	2	7	3	6	1
5	1	3	8	6	9	2	4	7
2	6	7	1	3	4	5	9	8
4	9	1	6	7	5	8	2	3
7	2	8	3	4	1	6	5	9
3	5	6	2	9	8	7	1	4

HARD - 40

9	2	3	1	5	7	6	8	4
7	8	1	4	6	3	2	9	5
6	5	4	9	2	8	7	3	1
3	4	8	2	7	6	5	1	9
5	9	7	8	1	4	3	6	2
1	6	2	3	9	5	4	7	8
2	7	9	6	4	1	8	5	3
8	1	5	7	3	2	9	4	6
4	3	6	5	8	9	1	2	7

HARD - 41

8	3	9	5	2	6	7	1	4
1	5	6	9	7	4	8	3	2
2	4	7	8	1	3	5	9	6
7	9	8	3	5	2	6	4	1
4	2	5	1	6	7	9	8	3
6	1	3	4	8	9	2	5	7
5	6	1	2	4	8	3	7	9
9	8	2	7	3	1	4	6	5
3	7	4	6	9	5	1	2	8

HARD - 42

2	5	9	4	1	7	6	3	8
7	4	3	6	2	8	1	5	9
6	1	8	9	3	5	4	7	2
3	2	6	7	5	4	8	9	1
4	8	1	3	9	2	5	6	7
5	9	7	8	6	1	3	2	4
1	3	5	2	4	9	7	8	6
9	7	4	5	8	6	2	1	3
8	6	2	1	7	3	9	4	5

HARD - 43

6	1	3	7	8	9	4	2	5
8	2	5	4	1	6	9	3	7
7	4	9	2	3	5	8	1	6
2	5	7	1	4	8	6	9	3
4	3	8	9	6	7	2	5	1
9	6	1	5	2	3	7	8	4
1	8	2	3	7	4	5	6	9
3	9	4	6	5	2	1	7	8
5	7	6	8	9	1	3	4	2

HARD - 44

6	9	3	5	2	7	1	4	8
4	1	5	8	9	6	3	7	2
2	8	7	4	3	1	9	5	6
5	4	8	6	7	3	2	1	9
7	2	6	1	4	9	8	3	5
9	3	1	2	5	8	7	6	4
1	6	2	7	8	5	4	9	3
8	5	9	3	1	4	6	2	7
3	7	4	9	6	2	5	8	1

HARD - 45

6	7	4	8	1	3	5	9	2
9	1	2	7	5	4	3	6	8
8	3	5	2	6	9	7	4	1
2	5	6	9	4	7	8	1	3
7	9	3	1	2	8	4	5	6
1	4	8	5	3	6	9	2	7
5	2	9	3	8	1	6	7	4
3	6	1	4	7	5	2	8	9
4	8	7	6	9	2	1	3	5

HARD - 46

8	3	5	2	7	9	1	6	4
7	1	9	6	5	4	2	3	8
4	6	2	1	8	3	5	9	7
2	8	3	4	9	1	7	5	6
1	7	4	8	6	5	9	2	3
5	9	6	3	2	7	8	4	1
9	5	8	7	3	6	4	1	2
3	2	1	5	4	8	6	7	9
6	4	7	9	1	2	3	8	5

HARD - 47

6	9	5	4	1	3	7	8	2
8	3	4	5	2	7	6	1	9
1	2	7	9	6	8	3	4	5
9	1	8	6	5	2	4	7	3
7	6	2	3	8	4	9	5	1
5	4	3	1	7	9	2	6	8
2	8	6	7	9	5	1	3	4
4	5	1	2	3	6	8	9	7
3	7	9	8	4	1	5	2	6

HARD - 48

4	7	1	5	9	3	6	2	8
5	8	9	6	2	7	1	4	3
2	3	6	1	4	8	5	9	7
6	2	7	4	3	1	8	5	9
3	9	5	2	8	6	7	1	4
1	4	8	7	5	9	3	6	2
9	6	3	8	1	2	4	7	5
7	5	2	3	6	4	9	8	1
8	1	4	9	7	5	2	3	6

HARD - 49

2	3	7	1	5	8	4	9	6
9	6	8	7	3	4	1	2	5
1	5	4	6	2	9	7	8	3
7	1	5	4	9	2	3	6	8
6	8	2	5	7	3	9	4	1
3	4	9	8	6	1	2	5	7
8	9	1	3	4	6	5	7	2
5	2	3	9	8	7	6	1	4
4	7	6	2	1	5	8	3	9

HARD - 50

9	8	6	1	3	7	2	4	5
7	5	4	8	2	6	3	9	1
3	2	1	5	4	9	6	7	8
2	7	9	6	8	5	4	1	3
4	6	5	9	1	3	8	2	7
8	1	3	4	7	2	5	6	9
6	9	7	2	5	8	1	3	4
5	4	2	3	9	1	7	8	6
1	3	8	7	6	4	9	5	2

HARD - 51

2	8	6	7	9	5	1	4	3
1	5	9	8	4	3	6	2	7
4	3	7	1	6	2	9	8	5
7	6	8	2	5	9	3	1	4
3	9	4	6	1	7	8	5	2
5	2	1	3	8	4	7	9	6
8	1	2	5	7	6	4	3	9
6	4	5	9	3	8	2	7	1
9	7	3	4	2	1	5	6	8

HARD - 52

7	4	5	8	2	1	6	9	3
3	6	8	9	5	7	2	4	1
9	2	1	3	6	4	8	5	7
5	8	4	1	7	2	3	6	9
1	9	7	5	3	6	4	2	8
6	3	2	4	9	8	1	7	5
2	5	9	6	1	3	7	8	4
4	1	6	7	8	5	9	3	2
8	7	3	2	4	9	5	1	6

HARD - 53

2	9	5	6	4	3	1	8	7
7	3	4	5	8	1	9	2	6
6	8	1	2	7	9	3	4	5
8	4	6	9	3	5	2	7	1
9	5	2	7	1	8	4	6	3
1	7	3	4	6	2	8	5	9
5	1	9	8	2	7	6	3	4
4	2	7	3	9	6	5	1	8
3	6	8	1	5	4	7	9	2

HARD - 54

1	2	4	3	8	6	5	7	9
3	6	7	1	9	5	4	8	2
5	9	8	7	4	2	3	6	1
9	7	6	2	3	4	1	5	8
4	5	1	8	6	7	9	2	3
2	8	3	9	5	1	7	4	6
7	3	2	5	1	8	6	9	4
6	1	5	4	2	9	8	3	7
8	4	9	6	7	3	2	1	5

HARD - 55

2	8	9	4	1	7	3	5	6
3	5	1	8	9	6	2	4	7
4	6	7	3	5	2	1	8	9
1	3	4	9	2	8	7	6	5
7	9	8	5	6	3	4	2	1
6	2	5	7	4	1	8	9	3
9	4	2	1	7	5	6	3	8
8	7	6	2	3	9	5	1	4
5	1	3	6	8	4	9	7	2

HARD - 56

1	2	8	9	4	3	6	7	5
5	9	3	7	8	6	4	2	1
6	4	7	5	2	1	3	8	9
2	6	5	1	7	9	8	4	3
8	7	9	4	3	2	5	1	6
3	1	4	8	6	5	7	9	2
9	8	1	3	5	7	2	6	4
4	5	2	6	1	8	9	3	7
7	3	6	2	9	4	1	5	8

HARD - 57

4	7	8	1	3	9	5	6	2
6	9	1	2	5	8	7	4	3
3	2	5	4	6	7	9	1	8
5	8	6	7	1	3	2	9	4
1	3	2	5	9	4	8	7	6
9	4	7	8	2	6	3	5	1
7	6	9	3	4	2	1	8	5
2	1	4	9	8	5	6	3	7
8	5	3	6	7	1	4	2	9

HARD - 58

5	1	6	9	2	4	7	3	8
8	7	9	5	6	3	2	1	4
2	3	4	8	7	1	5	6	9
6	5	8	7	3	9	1	4	2
1	9	2	4	5	6	8	7	3
3	4	7	2	1	8	6	9	5
7	8	3	6	9	2	4	5	1
4	6	1	3	8	5	9	2	7
9	2	5	1	4	7	3	8	6

HARD - 59

9	1	2	7	4	6	3	8	5
7	6	5	3	8	1	9	4	2
3	4	8	9	5	2	6	7	1
4	3	7	1	2	8	5	6	9
5	8	1	4	6	9	7	2	3
2	9	6	5	7	3	4	1	8
1	7	9	2	3	4	8	5	6
8	2	4	6	9	5	1	3	7
6	5	3	8	1	7	2	9	4

HARD - 60

9	4	6	8	2	7	5	1	3
1	7	8	3	6	5	9	4	2
2	5	3	9	1	4	8	6	7
3	1	9	6	8	2	4	7	5
4	6	7	5	9	1	2	3	8
8	2	5	4	7	3	6	9	1
6	3	2	1	5	9	7	8	4
7	9	1	2	4	8	3	5	6
5	8	4	7	3	6	1	2	9

HARD - 61

2	3	1	6	8	5	4	7	9
4	6	7	1	2	9	3	8	5
8	5	9	7	3	4	1	6	2
1	8	3	5	7	2	9	4	6
9	7	5	4	6	1	8	2	3
6	2	4	8	9	3	5	1	7
3	9	6	2	1	8	7	5	4
7	4	8	9	5	6	2	3	1
5	1	2	3	4	7	6	9	8

HARD - 62

7	2	4	3	9	1	8	5	6
5	8	3	2	6	4	1	7	9
6	1	9	5	8	7	3	4	2
2	7	6	1	4	5	9	8	3
3	9	1	6	7	8	4	2	5
8	4	5	9	3	2	6	1	7
1	6	2	4	5	9	7	3	8
4	3	7	8	2	6	5	9	1
9	5	8	7	1	3	2	6	4

HARD - 63

6	7	2	3	5	9	4	1	8
4	3	1	8	7	6	9	5	2
9	8	5	2	4	1	6	3	7
3	2	6	4	8	5	7	9	1
5	1	4	7	9	3	2	8	6
8	9	7	1	6	2	5	4	3
1	6	8	9	2	4	3	7	5
2	4	3	5	1	7	8	6	9
7	5	9	6	3	8	1	2	4

HARD - 64

2	3	7	6	1	4	5	8	9
8	9	5	7	2	3	6	1	4
6	4	1	8	9	5	3	2	7
5	8	9	4	6	7	1	3	2
1	6	2	9	3	8	7	4	5
4	7	3	2	5	1	9	6	8
3	1	4	5	7	2	8	9	6
9	5	8	3	4	6	2	7	1
7	2	6	1	8	9	4	5	3

HARD - 65

9	7	4	1	8	5	3	6	2
1	3	8	2	9	6	5	4	7
2	6	5	4	3	7	1	8	9
8	1	7	6	2	3	9	5	4
4	5	2	8	1	9	7	3	6
3	9	6	7	5	4	8	2	1
5	2	9	3	4	1	6	7	8
6	4	1	5	7	8	2	9	3
7	8	3	9	6	2	4	1	5

HARD - 66

2	3	1	9	8	7	6	5	4
8	7	5	4	6	1	3	9	2
4	6	9	5	3	2	7	1	8
6	8	3	1	9	5	4	2	7
5	9	7	6	2	4	8	3	1
1	4	2	3	7	8	5	6	9
7	5	8	2	1	6	9	4	3
3	1	4	8	5	9	2	7	6
9	2	6	7	4	3	1	8	5

HARD - 67

2	8	5	4	1	3	6	7	9
1	7	9	6	5	8	4	2	3
3	6	4	7	9	2	5	8	1
5	2	6	9	3	7	1	4	8
7	3	8	5	4	1	2	9	6
4	9	1	2	8	6	7	3	5
8	5	2	1	7	9	3	6	4
6	4	3	8	2	5	9	1	7
9	1	7	3	6	4	8	5	2

HARD - 68

4	1	2	8	3	5	6	7	9
8	9	5	6	4	7	3	1	2
6	3	7	1	2	9	5	4	8
1	4	8	5	6	2	7	9	3
2	7	6	9	1	3	8	5	4
9	5	3	4	7	8	2	6	1
3	2	4	7	5	1	9	8	6
5	6	9	2	8	4	1	3	7
7	8	1	3	9	6	4	2	5

HARD - 69

9	3	7	5	1	6	2	8	4
4	5	1	9	2	8	3	7	6
8	2	6	7	4	3	9	5	1
5	8	3	2	6	9	1	4	7
6	4	9	1	8	7	5	2	3
7	1	2	3	5	4	8	6	9
3	7	8	6	9	5	4	1	2
1	9	4	8	7	2	6	3	5
2	6	5	4	3	1	7	9	8

HARD - 70

8	7	5	6	2	4	9	3	1
1	4	3	9	5	7	6	8	2
6	9	2	3	8	1	4	5	7
3	1	8	5	9	6	2	7	4
2	6	4	1	7	8	5	9	3
9	5	7	4	3	2	1	6	8
4	3	1	8	6	9	7	2	5
7	8	9	2	4	5	3	1	6
5	2	6	7	1	3	8	4	9

HARD - 71

5	7	2	4	1	6	8	3	9
8	1	3	9	2	7	6	5	4
9	6	4	5	3	8	1	7	2
7	9	8	3	4	2	5	6	1
3	5	6	7	9	1	2	4	8
2	4	1	6	8	5	7	9	3
1	3	5	8	7	4	9	2	6
4	2	7	1	6	9	3	8	5
6	8	9	2	5	3	4	1	7

HARD - 72

1	6	4	8	5	3	2	9	7
7	3	8	6	2	9	4	1	5
9	5	2	4	1	7	3	8	6
5	8	9	7	6	4	1	3	2
3	2	7	5	9	1	8	6	4
6	4	1	3	8	2	7	5	9
2	7	6	9	3	8	5	4	1
8	1	5	2	4	6	9	7	3
4	9	3	1	7	5	6	2	8

HARD - 73

7	3	4	8	5	6	9	1	2
9	1	5	2	4	7	6	8	3
6	8	2	1	9	3	5	7	4
3	7	1	5	6	9	4	2	8
4	6	9	3	2	8	7	5	1
2	5	8	7	1	4	3	6	9
5	9	3	6	8	1	2	4	7
1	4	6	9	7	2	8	3	5
8	2	7	4	3	5	1	9	6

HARD - 74

2	3	7	8	6	5	4	1	9
8	1	5	2	9	4	6	7	3
9	4	6	3	1	7	5	2	8
1	6	2	4	5	8	3	9	7
7	5	3	6	2	9	1	8	4
4	9	8	1	7	3	2	5	6
5	2	9	7	4	6	8	3	1
3	7	4	5	8	1	9	6	2
6	8	1	9	3	2	7	4	5

HARD - 75

6	9	1	4	5	3	8	2	7
5	8	3	7	2	1	4	6	9
4	7	2	6	8	9	5	3	1
8	5	6	3	9	4	1	7	2
9	1	7	8	6	2	3	4	5
3	2	4	1	7	5	9	8	6
1	6	5	2	4	8	7	9	3
7	3	8	9	1	6	2	5	4
2	4	9	5	3	7	6	1	8

HARD - 76

9	8	7	1	5	6	3	2	4
6	1	5	3	4	2	8	7	9
3	4	2	9	8	7	5	6	1
5	3	4	2	9	1	7	8	6
8	6	1	4	7	5	9	3	2
2	7	9	8	6	3	4	1	5
7	9	3	6	2	4	1	5	8
1	2	8	5	3	9	6	4	7
4	5	6	7	1	8	2	9	3

HARD - 77

4	3	9	1	7	5	8	6	2
1	6	8	2	9	3	4	7	5
2	7	5	8	6	4	3	9	1
3	9	4	7	5	1	6	2	8
6	8	1	4	3	2	9	5	7
7	5	2	9	8	6	1	3	4
8	1	7	6	2	9	5	4	3
9	4	3	5	1	7	2	8	6
5	2	6	3	4	8	7	1	9

HARD - 78

4	8	3	7	5	1	6	2	9
1	6	2	8	4	9	5	7	3
5	7	9	2	6	3	8	1	4
8	2	5	6	9	7	4	3	1
6	9	4	3	1	2	7	8	5
7	3	1	5	8	4	2	9	6
9	5	8	1	7	6	3	4	2
2	4	6	9	3	8	1	5	7
3	1	7	4	2	5	9	6	8

HARD - 79

9	5	1	6	3	2	8	7	4
6	4	2	9	8	7	5	3	1
7	3	8	5	1	4	9	6	2
4	2	9	7	5	8	6	1	3
3	6	5	2	9	1	4	8	7
1	8	7	4	6	3	2	9	5
2	7	3	8	4	9	1	5	6
8	1	6	3	2	5	7	4	9
5	9	4	1	7	6	3	2	8

HARD - 80

2	4	1	8	6	9	3	7	5
8	7	5	3	2	4	9	1	6
9	3	6	5	7	1	2	4	8
7	9	3	1	4	5	6	8	2
4	1	8	6	9	2	7	5	3
5	6	2	7	3	8	4	9	1
6	5	9	4	1	3	8	2	7
3	8	4	2	5	7	1	6	9
1	2	7	9	8	6	5	3	4

HARD - 81

2	4	6	3	9	7	1	8	5
1	7	3	8	5	6	2	4	9
9	5	8	4	2	1	3	6	7
7	8	2	5	3	4	9	1	6
3	1	9	6	7	8	4	5	2
4	6	5	9	1	2	7	3	8
6	2	4	1	8	9	5	7	3
5	9	1	7	6	3	8	2	4
8	3	7	2	4	5	6	9	1

HARD - 82

4	9	1	7	2	8	3	5	6
7	8	3	9	6	5	2	1	4
2	5	6	1	3	4	9	8	7
8	3	4	5	7	6	1	9	2
6	1	5	2	9	3	7	4	8
9	7	2	8	4	1	5	6	3
5	4	7	6	1	2	8	3	9
1	6	9	3	8	7	4	2	5
3	2	8	4	5	9	6	7	1

HARD - 83

9	2	5	1	4	3	7	8	6
6	3	1	7	9	8	2	4	5
4	8	7	5	2	6	1	3	9
2	1	8	4	6	9	5	7	3
5	4	9	3	1	7	6	2	8
7	6	3	8	5	2	9	1	4
3	9	2	6	8	1	4	5	7
1	7	4	9	3	5	8	6	2
8	5	6	2	7	4	3	9	1

HARD - 84

5	3	7	2	1	6	9	8	4
9	1	6	4	5	8	2	7	3
2	4	8	7	9	3	6	5	1
1	5	3	8	2	9	7	4	6
8	6	9	1	7	4	5	3	2
4	7	2	6	3	5	1	9	8
3	2	1	9	4	7	8	6	5
7	8	5	3	6	2	4	1	9
6	9	4	5	8	1	3	2	7

HARD - 85

3	7	5	8	6	9	4	1	2
2	1	8	5	7	4	9	6	3
4	9	6	2	1	3	7	5	8
5	3	7	9	2	1	8	4	6
8	4	2	7	3	6	1	9	5
1	6	9	4	8	5	2	3	7
6	2	4	3	9	7	5	8	1
7	5	3	1	4	8	6	2	9
9	8	1	6	5	2	3	7	4

HARD - 86

9	8	2	5	7	4	6	1	3
5	4	3	6	1	9	7	8	2
6	1	7	8	2	3	4	5	9
2	7	5	4	3	8	9	6	1
1	6	9	7	5	2	3	4	8
8	3	4	1	9	6	2	7	5
3	5	6	2	8	7	1	9	4
4	2	8	9	6	1	5	3	7
7	9	1	3	4	5	8	2	6

HARD - 87

4	8	3	1	7	5	2	6	9
6	1	9	4	8	2	3	5	7
7	2	5	3	9	6	4	8	1
3	7	2	9	5	8	6	1	4
9	5	4	2	6	1	7	3	8
1	6	8	7	3	4	5	9	2
8	4	7	5	1	3	9	2	6
5	9	6	8	2	7	1	4	3
2	3	1	6	4	9	8	7	5

HARD - 88

8	9	2	5	4	1	6	3	7
1	3	7	2	9	6	5	8	4
5	6	4	7	3	8	2	1	9
3	4	9	6	5	2	8	7	1
7	2	1	3	8	4	9	6	5
6	5	8	1	7	9	4	2	3
2	7	3	4	6	5	1	9	8
9	1	5	8	2	7	3	4	6
4	8	6	9	1	3	7	5	2

HARD - 89

4	1	6	3	2	8	7	5	9
9	5	8	1	7	6	3	2	4
7	3	2	5	9	4	1	6	8
2	8	1	9	3	7	6	4	5
5	6	9	8	4	1	2	7	3
3	7	4	6	5	2	8	9	1
1	2	7	4	8	5	9	3	6
6	9	5	2	1	3	4	8	7
8	4	3	7	6	9	5	1	2

HARD - 90

1	2	4	3	7	8	6	5	9
5	7	8	9	6	1	2	3	4
3	9	6	5	4	2	7	8	1
7	3	1	8	9	5	4	2	6
9	8	2	6	1	4	3	7	5
6	4	5	2	3	7	9	1	8
4	5	9	1	2	3	8	6	7
2	1	7	4	8	6	5	9	3
8	6	3	7	5	9	1	4	2

HARD - 91

1	4	7	8	6	5	9	3	2
8	3	9	1	2	4	6	5	7
6	2	5	3	7	9	1	4	8
2	5	3	4	1	8	7	9	6
7	9	8	6	3	2	5	1	4
4	6	1	9	5	7	8	2	3
3	1	4	5	8	6	2	7	9
9	8	2	7	4	1	3	6	5
5	7	6	2	9	3	4	8	1

HARD - 92

8	3	1	5	9	4	2	7	6
6	2	9	1	7	3	4	8	5
4	7	5	2	6	8	1	9	3
1	5	3	7	8	6	9	4	2
7	4	2	9	5	1	3	6	8
9	8	6	3	4	2	5	1	7
3	1	4	8	2	7	6	5	9
5	6	8	4	3	9	7	2	1
2	9	7	6	1	5	8	3	4

HARD - 93

1	2	5	7	8	9	4	6	3
4	3	7	1	2	6	9	5	8
9	8	6	3	4	5	7	1	2
3	7	9	2	5	1	8	4	6
5	1	8	6	7	4	2	3	9
2	6	4	8	9	3	1	7	5
7	4	2	5	3	8	6	9	1
8	5	1	9	6	7	3	2	4
6	9	3	4	1	2	5	8	7

HARD - 94

5	8	6	7	3	2	9	1	4
3	9	1	6	4	8	7	2	5
7	4	2	9	5	1	3	6	8
9	7	3	1	6	4	8	5	2
2	5	4	3	8	9	1	7	6
6	1	8	5	2	7	4	9	3
8	2	9	4	1	5	6	3	7
4	6	7	2	9	3	5	8	1
1	3	5	8	7	6	2	4	9

HARD - 95

7	9	4	1	8	2	6	3	5
6	5	2	3	7	9	4	8	1
3	8	1	6	4	5	2	7	9
2	1	9	4	5	8	3	6	7
8	3	6	7	9	1	5	2	4
4	7	5	2	6	3	9	1	8
1	6	7	5	3	4	8	9	2
5	2	8	9	1	6	7	4	3
9	4	3	8	2	7	1	5	6

HARD - 96

6	2	4	8	5	3	9	1	7
5	9	3	7	1	2	6	4	8
1	7	8	6	9	4	5	3	2
9	1	6	3	2	5	7	8	4
7	3	2	9	4	8	1	6	5
8	4	5	1	7	6	3	2	9
4	5	1	2	6	9	8	7	3
3	6	9	4	8	7	2	5	1
2	8	7	5	3	1	4	9	6

HARD - 97

9	4	5	7	2	1	3	8	6
8	6	1	3	5	9	7	2	4
3	7	2	8	6	4	5	9	1
5	1	7	4	8	3	2	6	9
4	3	6	9	1	2	8	7	5
2	8	9	6	7	5	4	1	3
6	5	8	1	4	7	9	3	2
1	9	4	2	3	8	6	5	7
7	2	3	5	9	6	1	4	8

HARD - 98

2	9	3	5	4	1	6	7	8
8	1	7	6	9	2	5	4	3
4	5	6	8	3	7	9	1	2
6	3	2	7	5	4	1	8	9
1	7	4	9	8	3	2	5	6
5	8	9	1	2	6	4	3	7
9	6	5	4	7	8	3	2	1
7	2	1	3	6	5	8	9	4
3	4	8	2	1	9	7	6	5

HARD - 99

8	7	3	2	4	5	9	6	1
5	4	9	6	1	7	2	8	3
6	1	2	3	8	9	7	5	4
2	9	7	4	6	8	3	1	5
4	5	1	9	3	2	8	7	6
3	6	8	7	5	1	4	9	2
9	8	5	1	2	4	6	3	7
1	2	6	8	7	3	5	4	9
7	3	4	5	9	6	1	2	8

HARD - 100

6	8	9	1	2	4	7	5	3
3	4	1	6	7	5	2	8	9
2	7	5	9	3	8	4	6	1
1	9	4	5	6	2	8	3	7
8	5	3	4	9	7	6	1	2
7	2	6	3	8	1	9	4	5
5	3	2	8	4	9	1	7	6
9	1	8	7	5	6	3	2	4
4	6	7	2	1	3	5	9	8

HARD - 101

2	4	1	8	5	3	9	7	6
6	9	5	4	7	1	8	2	3
3	8	7	9	2	6	1	4	5
1	6	8	2	9	5	4	3	7
7	3	9	1	6	4	2	5	8
5	2	4	7	3	8	6	1	9
4	1	6	5	8	7	3	9	2
8	5	2	3	1	9	7	6	4
9	7	3	6	4	2	5	8	1

HARD - 102

8	7	5	9	4	1	6	3	2
2	1	3	6	7	8	4	9	5
9	4	6	2	3	5	7	1	8
1	6	7	4	8	3	5	2	9
4	2	8	5	9	7	3	6	1
5	3	9	1	6	2	8	4	7
6	5	4	7	1	9	2	8	3
7	8	1	3	2	4	9	5	6
3	9	2	8	5	6	1	7	4

HARD - 103

1	4	3	5	8	6	7	2	9
9	2	6	7	4	1	8	3	5
7	8	5	3	9	2	4	1	6
4	9	1	6	2	3	5	7	8
2	3	7	8	5	9	1	6	4
5	6	8	4	1	7	2	9	3
8	1	9	2	6	4	3	5	7
6	7	4	1	3	5	9	8	2
3	5	2	9	7	8	6	4	1

HARD - 104

8	2	7	4	3	5	9	6	1
5	6	3	8	1	9	4	7	2
9	4	1	6	7	2	5	3	8
3	8	9	2	4	7	1	5	6
4	5	6	1	8	3	2	9	7
7	1	2	9	5	6	3	8	4
6	9	5	7	2	1	8	4	3
2	7	8	3	9	4	6	1	5
1	3	4	5	6	8	7	2	9

HARD - 105

1	3	6	5	8	7	9	4	2
7	2	4	9	1	6	3	8	5
8	9	5	2	3	4	6	1	7
6	4	2	8	7	1	5	3	9
3	1	8	6	9	5	7	2	4
5	7	9	4	2	3	1	6	8
9	8	3	7	6	2	4	5	1
2	5	1	3	4	9	8	7	6
4	6	7	1	5	8	2	9	3

HARD - 106

4	8	3	7	2	5	9	6	1
9	5	6	1	8	4	7	2	3
2	1	7	3	9	6	8	4	5
1	3	4	2	6	8	5	7	9
5	6	9	4	7	3	2	1	8
8	7	2	9	5	1	4	3	6
3	9	5	6	4	7	1	8	2
7	2	1	8	3	9	6	5	4
6	4	8	5	1	2	3	9	7

HARD - 107

3	2	4	7	1	9	8	5	6
7	5	8	6	3	2	9	1	4
6	9	1	4	5	8	2	3	7
2	6	3	5	9	1	4	7	8
8	7	5	3	6	4	1	2	9
1	4	9	2	8	7	5	6	3
4	8	2	1	7	6	3	9	5
5	1	6	9	4	3	7	8	2
9	3	7	8	2	5	6	4	1

HARD - 108

6	3	4	8	7	5	9	2	1
2	1	7	9	4	6	3	5	8
5	9	8	3	1	2	7	6	4
9	8	2	5	6	7	4	1	3
7	4	3	2	9	1	6	8	5
1	5	6	4	8	3	2	7	9
3	6	5	1	2	9	8	4	7
8	7	9	6	5	4	1	3	2
4	2	1	7	3	8	5	9	6

HARD - 109

2	8	5	6	1	9	7	4	3
7	9	3	2	4	5	6	8	1
1	6	4	8	7	3	5	9	2
8	7	1	3	9	6	2	5	4
9	5	6	4	2	1	8	3	7
4	3	2	7	5	8	1	6	9
6	2	7	9	8	4	3	1	5
3	1	9	5	6	2	4	7	8
5	4	8	1	3	7	9	2	6

HARD - 110

1	3	5	9	4	8	6	7	2
4	2	8	3	7	6	5	9	1
9	6	7	5	2	1	4	8	3
7	9	1	4	5	3	2	6	8
2	4	6	8	1	9	3	5	7
5	8	3	7	6	2	9	1	4
3	5	9	2	8	7	1	4	6
6	7	4	1	3	5	8	2	9
8	1	2	6	9	4	7	3	5

HARD - 111

1	4	6	5	8	2	3	9	7
8	3	7	4	6	9	2	5	1
2	5	9	3	7	1	6	8	4
6	8	5	1	2	7	4	3	9
9	1	4	6	3	5	7	2	8
7	2	3	8	9	4	1	6	5
3	9	1	2	4	8	5	7	6
5	7	2	9	1	6	8	4	3
4	6	8	7	5	3	9	1	2

HARD - 112

2	1	3	4	5	6	7	8	9
6	4	8	7	9	2	3	5	1
7	9	5	8	3	1	2	4	6
8	7	6	3	4	9	1	2	5
1	3	2	6	7	5	8	9	4
4	5	9	1	2	8	6	3	7
3	2	4	5	6	7	9	1	8
9	6	1	2	8	4	5	7	3
5	8	7	9	1	3	4	6	2

HARD - 113

3	2	8	5	7	1	6	9	4
6	4	5	8	2	9	3	1	7
9	7	1	3	4	6	8	5	2
4	6	2	9	1	8	7	3	5
8	3	9	4	5	7	2	6	1
5	1	7	6	3	2	4	8	9
2	8	6	7	9	5	1	4	3
1	5	4	2	6	3	9	7	8
7	9	3	1	8	4	5	2	6

HARD - 114

6	5	7	3	2	9	1	8	4
4	9	1	6	8	7	2	3	5
3	2	8	1	5	4	6	7	9
9	1	4	7	6	5	8	2	3
7	3	5	8	1	2	9	4	6
8	6	2	9	4	3	5	1	7
5	7	9	2	3	1	4	6	8
2	4	6	5	7	8	3	9	1
1	8	3	4	9	6	7	5	2

HARD - 115

6	3	7	1	5	9	2	8	4
1	5	2	8	7	4	3	9	6
8	4	9	3	2	6	1	7	5
9	1	4	6	3	7	8	5	2
2	8	3	9	4	5	7	6	1
5	7	6	2	8	1	4	3	9
3	9	8	5	1	2	6	4	7
4	2	5	7	6	8	9	1	3
7	6	1	4	9	3	5	2	8

HARD - 116

8	5	9	7	4	1	2	3	6
1	2	4	3	6	9	8	7	5
6	3	7	8	2	5	1	9	4
3	8	2	6	1	4	7	5	9
4	9	5	2	7	8	6	1	3
7	1	6	5	9	3	4	8	2
9	7	8	4	3	6	5	2	1
5	4	1	9	8	2	3	6	7
2	6	3	1	5	7	9	4	8

HARD - 117

7	2	5	1	6	8	4	9	3
6	9	1	4	3	2	5	8	7
3	4	8	5	9	7	2	1	6
4	3	6	7	5	9	1	2	8
9	1	2	3	8	6	7	4	5
5	8	7	2	4	1	3	6	9
1	7	9	8	2	5	6	3	4
8	5	3	6	1	4	9	7	2
2	6	4	9	7	3	8	5	1

HARD - 118

7	9	5	6	3	2	8	1	4
6	8	2	7	1	4	5	9	3
3	1	4	8	9	5	2	7	6
5	2	9	1	6	8	3	4	7
1	6	3	4	5	7	9	2	8
8	4	7	9	2	3	6	5	1
4	5	8	3	7	9	1	6	2
9	7	6	2	8	1	4	3	5
2	3	1	5	4	6	7	8	9

HARD - 119

4	8	5	1	2	9	3	6	7
2	3	1	5	6	7	9	8	4
7	9	6	4	3	8	5	2	1
6	2	8	7	4	3	1	9	5
9	4	3	2	5	1	6	7	8
1	5	7	8	9	6	4	3	2
8	1	9	6	7	5	2	4	3
5	6	4	3	8	2	7	1	9
3	7	2	9	1	4	8	5	6

HARD - 120

6	5	1	3	2	9	7	4	8
9	8	4	6	5	7	3	1	2
7	2	3	4	1	8	9	6	5
2	1	8	9	4	5	6	3	7
4	3	7	8	6	1	5	2	9
5	6	9	2	7	3	4	8	1
1	4	6	5	9	2	8	7	3
8	7	5	1	3	4	2	9	6
3	9	2	7	8	6	1	5	4

HARD - 121

1	7	5	9	3	6	4	2	8
3	4	2	8	1	7	9	6	5
8	6	9	5	2	4	3	1	7
5	2	1	4	9	8	7	3	6
9	3	7	1	6	5	2	8	4
6	8	4	2	7	3	5	9	1
2	9	8	7	4	1	6	5	3
7	1	6	3	5	2	8	4	9
4	5	3	6	8	9	1	7	2

HARD - 122

5	7	3	1	2	8	9	6	4
2	1	6	4	3	9	5	8	7
8	4	9	6	7	5	3	2	1
4	9	7	2	8	1	6	5	3
1	2	8	3	5	6	4	7	9
3	6	5	7	9	4	8	1	2
6	8	4	9	1	2	7	3	5
7	5	1	8	4	3	2	9	6
9	3	2	5	6	7	1	4	8

HARD - 123

7	9	5	6	1	3	2	4	8
8	6	4	2	9	7	1	3	5
3	2	1	5	8	4	6	9	7
2	8	6	4	3	1	5	7	9
1	4	7	9	5	8	3	6	2
5	3	9	7	6	2	8	1	4
9	5	8	1	7	6	4	2	3
4	1	3	8	2	9	7	5	6
6	7	2	3	4	5	9	8	1

HARD - 124

3	1	4	5	6	2	8	7	9
8	5	9	1	4	7	3	6	2
7	6	2	8	3	9	5	1	4
6	2	1	3	5	8	9	4	7
9	3	8	7	2	4	1	5	6
4	7	5	6	9	1	2	3	8
2	9	7	4	1	5	6	8	3
1	4	3	2	8	6	7	9	5
5	8	6	9	7	3	4	2	1

HARD - 125

7	4	5	6	9	8	3	2	1
1	8	3	2	5	4	6	7	9
2	9	6	3	7	1	5	4	8
8	5	9	4	3	7	2	1	6
4	7	1	5	2	6	8	9	3
3	6	2	1	8	9	4	5	7
6	2	7	8	1	5	9	3	4
9	3	8	7	4	2	1	6	5
5	1	4	9	6	3	7	8	2

HARD - 126

5	7	2	3	8	4	6	1	9
6	1	3	5	9	2	7	8	4
8	9	4	7	1	6	2	3	5
3	8	5	4	6	1	9	2	7
2	6	1	8	7	9	5	4	3
7	4	9	2	5	3	8	6	1
9	2	6	1	3	5	4	7	8
4	3	7	9	2	8	1	5	6
1	5	8	6	4	7	3	9	2

HARD - 127

1	5	7	8	9	4	3	2	6
4	6	2	3	7	1	9	8	5
9	8	3	2	6	5	1	4	7
8	7	5	6	1	3	2	9	4
2	3	4	5	8	9	7	6	1
6	1	9	4	2	7	8	5	3
5	2	8	7	3	6	4	1	9
3	4	1	9	5	8	6	7	2
7	9	6	1	4	2	5	3	8

HARD - 128

4	6	3	9	5	2	1	8	7
2	5	7	6	1	8	4	9	3
9	1	8	7	4	3	6	2	5
8	4	9	1	3	5	2	7	6
5	3	6	2	9	7	8	1	4
1	7	2	8	6	4	3	5	9
6	2	1	3	7	9	5	4	8
7	8	4	5	2	6	9	3	1
3	9	5	4	8	1	7	6	2

HARD - 129

6	7	3	1	5	8	2	9	4
5	4	8	9	2	6	3	7	1
1	2	9	3	7	4	6	5	8
8	1	5	6	9	2	4	3	7
7	9	2	4	3	5	1	8	6
3	6	4	7	8	1	9	2	5
4	8	7	2	6	9	5	1	3
2	5	1	8	4	3	7	6	9
9	3	6	5	1	7	8	4	2

HARD - 130

1	4	2	9	8	6	5	7	3
3	5	9	7	4	2	6	8	1
6	8	7	1	3	5	2	9	4
5	1	8	3	2	4	9	6	7
2	7	6	8	1	9	3	4	5
4	9	3	6	5	7	8	1	2
9	6	4	2	7	3	1	5	8
7	2	1	5	6	8	4	3	9
8	3	5	4	9	1	7	2	6

HARD - 131

4	9	7	8	2	5	6	1	3
2	1	8	3	6	9	5	4	7
6	3	5	7	1	4	8	9	2
8	7	3	1	9	6	2	5	4
1	4	2	5	7	3	9	8	6
5	6	9	2	4	8	7	3	1
9	2	4	6	5	1	3	7	8
3	5	6	4	8	7	1	2	9
7	8	1	9	3	2	4	6	5

HARD - 132

3	5	2	6	8	1	9	7	4
4	8	1	7	9	5	2	6	3
7	6	9	2	3	4	1	5	8
2	4	3	9	6	8	7	1	5
1	9	5	4	2	7	8	3	6
6	7	8	5	1	3	4	2	9
8	1	7	3	4	6	5	9	2
5	2	6	8	7	9	3	4	1
9	3	4	1	5	2	6	8	7

HARD - 133

1	3	8	5	6	2	9	4	7
2	9	6	4	7	8	3	5	1
7	5	4	9	1	3	6	2	8
3	8	2	7	9	1	4	6	5
4	6	1	3	2	5	7	8	9
9	7	5	6	8	4	1	3	2
8	4	9	1	5	6	2	7	3
6	2	7	8	3	9	5	1	4
5	1	3	2	4	7	8	9	6

HARD - 134

2	7	1	5	4	8	9	3	6
3	6	5	1	9	2	7	8	4
4	9	8	7	3	6	2	5	1
9	5	4	2	1	7	3	6	8
7	1	2	6	8	3	4	9	5
6	8	3	9	5	4	1	7	2
5	4	7	3	6	1	8	2	9
1	3	6	8	2	9	5	4	7
8	2	9	4	7	5	6	1	3

HARD - 135

9	6	4	5	3	7	1	2	8
3	1	8	4	2	9	5	6	7
5	7	2	8	6	1	9	3	4
7	8	5	3	9	4	2	1	6
6	2	3	1	5	8	4	7	9
4	9	1	6	7	2	8	5	3
2	4	6	7	8	5	3	9	1
1	5	7	9	4	3	6	8	2
8	3	9	2	1	6	7	4	5

HARD - 136

7	1	5	3	9	4	6	8	2
6	4	9	8	1	2	5	3	7
2	3	8	5	6	7	9	4	1
9	7	6	2	4	5	3	1	8
1	5	2	9	3	8	4	7	6
4	8	3	6	7	1	2	5	9
5	9	1	4	8	6	7	2	3
3	2	7	1	5	9	8	6	4
8	6	4	7	2	3	1	9	5

HARD - 137

7	9	4	6	1	5	3	2	8
6	3	1	7	2	8	4	9	5
8	2	5	4	3	9	1	7	6
5	6	9	2	4	1	8	3	7
2	8	7	9	5	3	6	4	1
4	1	3	8	7	6	9	5	2
3	4	2	1	6	7	5	8	9
1	7	8	5	9	4	2	6	3
9	5	6	3	8	2	7	1	4

HARD - 138

2	1	9	7	6	8	3	5	4
7	8	4	3	5	2	9	6	1
3	6	5	9	4	1	7	8	2
6	4	2	1	3	5	8	9	7
9	3	1	4	8	7	6	2	5
5	7	8	6	2	9	1	4	3
8	2	6	5	1	3	4	7	9
1	5	7	8	9	4	2	3	6
4	9	3	2	7	6	5	1	8

HARD - 139

7	9	3	1	5	4	6	2	8
4	2	6	9	8	7	1	3	5
5	8	1	3	2	6	7	9	4
8	1	9	4	6	5	3	7	2
3	4	7	2	9	8	5	1	6
2	6	5	7	3	1	4	8	9
9	5	8	6	1	3	2	4	7
6	3	4	8	7	2	9	5	1
1	7	2	5	4	9	8	6	3

HARD - 140

6	7	2	4	1	5	8	3	9
1	9	3	2	7	8	6	5	4
8	4	5	6	9	3	2	1	7
7	2	9	1	3	6	4	8	5
5	8	6	7	4	2	3	9	1
3	1	4	8	5	9	7	2	6
4	3	8	9	6	1	5	7	2
2	6	1	5	8	7	9	4	3
9	5	7	3	2	4	1	6	8

HARD - 141

3	7	5	1	8	9	6	4	2
2	6	8	7	5	4	3	9	1
4	9	1	2	3	6	5	7	8
1	3	9	8	6	7	4	2	5
7	5	6	4	9	2	1	8	3
8	2	4	5	1	3	7	6	9
9	1	7	6	2	5	8	3	4
5	4	2	3	7	8	9	1	6
6	8	3	9	4	1	2	5	7

HARD - 142

9	6	1	4	2	3	5	7	8
3	5	7	6	8	9	2	4	1
8	4	2	1	7	5	3	9	6
5	1	9	8	3	2	4	6	7
4	7	6	9	5	1	8	3	2
2	3	8	7	4	6	9	1	5
7	2	5	3	1	4	6	8	9
6	8	3	5	9	7	1	2	4
1	9	4	2	6	8	7	5	3

HARD - 143

7	2	9	1	3	4	5	6	8
1	8	6	2	5	7	3	4	9
4	5	3	8	6	9	2	7	1
2	9	7	6	1	8	4	3	5
6	4	1	5	7	3	9	8	2
5	3	8	4	9	2	7	1	6
9	1	4	3	2	6	8	5	7
3	7	5	9	8	1	6	2	4
8	6	2	7	4	5	1	9	3

HARD - 144

4	8	1	2	6	5	9	3	7
9	2	6	3	4	7	1	5	8
7	3	5	1	9	8	2	4	6
5	9	3	8	7	2	6	1	4
2	1	4	6	5	3	7	8	9
8	6	7	4	1	9	3	2	5
1	7	9	5	3	4	8	6	2
3	5	2	9	8	6	4	7	1
6	4	8	7	2	1	5	9	3

HARD - 145

8	6	2	7	1	9	5	3	4
3	7	4	6	5	8	9	1	2
5	1	9	2	4	3	8	7	6
1	8	5	3	7	6	4	2	9
9	2	7	4	8	5	1	6	3
6	4	3	9	2	1	7	5	8
7	9	8	5	3	2	6	4	1
2	5	6	1	9	4	3	8	7
4	3	1	8	6	7	2	9	5

HARD - 146

8	6	4	3	1	2	5	9	7
3	9	5	4	8	7	6	2	1
2	7	1	6	5	9	8	4	3
4	5	2	7	6	8	3	1	9
7	3	8	9	4	1	2	6	5
9	1	6	2	3	5	7	8	4
1	8	3	5	2	4	9	7	6
6	4	7	8	9	3	1	5	2
5	2	9	1	7	6	4	3	8

HARD - 147

8	3	2	7	4	5	6	1	9
9	5	1	6	3	2	7	8	4
7	4	6	8	9	1	3	5	2
2	7	9	5	8	3	1	4	6
4	6	5	1	2	9	8	3	7
3	1	8	4	6	7	2	9	5
5	9	7	3	1	6	4	2	8
1	2	4	9	7	8	5	6	3
6	8	3	2	5	4	9	7	1

HARD - 148

2	5	6	3	1	9	4	8	7
7	3	8	4	2	5	9	1	6
1	9	4	8	6	7	3	2	5
5	7	3	1	9	2	6	4	8
6	2	1	7	4	8	5	3	9
8	4	9	5	3	6	2	7	1
3	6	2	9	7	1	8	5	4
9	1	5	2	8	4	7	6	3
4	8	7	6	5	3	1	9	2

HARD - 149

1	5	4	7	2	3	6	8	9
9	7	3	4	6	8	2	5	1
2	8	6	1	5	9	4	3	7
8	6	1	5	4	7	9	2	3
4	2	5	9	3	6	7	1	8
7	3	9	8	1	2	5	6	4
5	1	2	3	9	4	8	7	6
6	4	7	2	8	1	3	9	5
3	9	8	6	7	5	1	4	2

HARD - 150

9	6	1	4	3	5	8	2	7
2	8	4	7	6	9	5	3	1
5	7	3	2	8	1	9	6	4
4	3	8	9	2	7	6	1	5
7	9	2	5	1	6	4	8	3
1	5	6	8	4	3	7	9	2
6	1	9	3	7	4	2	5	8
8	4	5	1	9	2	3	7	6
3	2	7	6	5	8	1	4	9

HARD - 151

2	7	4	6	3	9	8	1	5
3	8	5	1	7	4	9	6	2
1	9	6	2	5	8	4	7	3
9	4	3	7	6	5	1	2	8
7	6	2	8	9	1	3	5	4
8	5	1	3	4	2	6	9	7
5	3	7	9	8	6	2	4	1
6	1	8	4	2	7	5	3	9
4	2	9	5	1	3	7	8	6

HARD - 152

7	1	9	6	3	8	5	4	2
8	4	2	1	5	9	6	3	7
3	5	6	4	7	2	1	9	8
1	6	7	2	8	3	9	5	4
5	9	4	7	6	1	8	2	3
2	8	3	5	9	4	7	6	1
9	7	1	3	2	6	4	8	5
6	3	5	8	4	7	2	1	9
4	2	8	9	1	5	3	7	6

HARD - 153

7	2	8	4	5	1	9	3	6
9	6	1	3	8	7	5	2	4
4	5	3	2	6	9	8	7	1
2	1	5	6	7	8	3	4	9
3	9	6	1	4	5	2	8	7
8	7	4	9	2	3	6	1	5
5	8	9	7	3	4	1	6	2
1	4	2	8	9	6	7	5	3
6	3	7	5	1	2	4	9	8

HARD - 154

2	7	1	6	8	3	9	4	5
4	6	3	5	9	2	7	8	1
5	9	8	1	7	4	6	2	3
9	2	6	4	5	1	3	7	8
7	8	5	3	2	9	4	1	6
3	1	4	8	6	7	5	9	2
8	4	2	9	3	5	1	6	7
1	5	7	2	4	6	8	3	9
6	3	9	7	1	8	2	5	4

HARD - 155

8	2	9	4	7	6	5	1	3
5	6	3	9	8	1	4	7	2
7	1	4	2	3	5	8	9	6
2	8	5	3	1	9	6	4	7
1	9	7	6	4	8	2	3	5
4	3	6	5	2	7	1	8	9
6	7	1	8	9	2	3	5	4
9	4	2	1	5	3	7	6	8
3	5	8	7	6	4	9	2	1

HARD - 156

4	2	3	8	6	7	1	5	9
6	1	9	4	2	5	8	7	3
5	8	7	3	9	1	2	6	4
7	6	1	2	8	3	4	9	5
8	4	5	6	7	9	3	1	2
3	9	2	1	5	4	6	8	7
1	7	6	9	3	2	5	4	8
9	3	4	5	1	8	7	2	6
2	5	8	7	4	6	9	3	1

HARD - 157

4	3	8	9	7	6	1	2	5
5	9	6	2	1	3	4	8	7
2	1	7	8	5	4	3	9	6
9	2	1	5	6	8	7	3	4
8	4	3	7	2	1	6	5	9
7	6	5	3	4	9	2	1	8
3	7	2	6	9	5	8	4	1
6	5	4	1	8	2	9	7	3
1	8	9	4	3	7	5	6	2

HARD - 158

6	8	1	5	2	4	9	7	3
5	7	4	9	8	3	1	6	2
9	2	3	7	1	6	8	5	4
1	3	2	6	9	8	7	4	5
7	4	5	1	3	2	6	9	8
8	6	9	4	7	5	3	2	1
2	9	7	3	4	1	5	8	6
4	1	6	8	5	7	2	3	9
3	5	8	2	6	9	4	1	7

HARD - 159

1	3	2	4	6	7	5	8	9
9	8	4	2	5	3	7	1	6
5	6	7	8	9	1	2	4	3
6	4	3	7	2	5	8	9	1
2	1	5	9	3	8	4	6	7
8	7	9	6	1	4	3	2	5
4	2	1	5	7	6	9	3	8
3	5	8	1	4	9	6	7	2
7	9	6	3	8	2	1	5	4

HARD - 160

3	2	1	7	4	9	5	8	6
6	8	9	1	3	5	2	4	7
5	4	7	6	2	8	9	3	1
1	6	4	2	9	7	3	5	8
8	9	3	4	5	6	7	1	2
7	5	2	3	8	1	4	6	9
9	1	6	5	7	3	8	2	4
2	7	5	8	6	4	1	9	3
4	3	8	9	1	2	6	7	5

HARD - 161

9	2	6	4	7	3	5	8	1
3	5	4	2	1	8	9	6	7
8	7	1	9	6	5	3	2	4
1	8	3	7	9	6	4	5	2
2	6	7	5	8	4	1	9	3
4	9	5	3	2	1	8	7	6
5	3	9	6	4	7	2	1	8
6	1	2	8	3	9	7	4	5
7	4	8	1	5	2	6	3	9

HARD - 162

5	8	7	3	6	4	1	9	2
3	2	9	8	5	1	4	7	6
1	4	6	9	2	7	3	5	8
4	1	3	5	8	9	2	6	7
7	9	2	4	3	6	8	1	5
8	6	5	1	7	2	9	3	4
6	3	4	2	9	5	7	8	1
2	5	8	7	1	3	6	4	9
9	7	1	6	4	8	5	2	3

HARD - 163

3	2	6	7	8	9	1	4	5
4	7	1	2	6	5	8	3	9
9	8	5	4	1	3	6	2	7
5	1	7	6	3	8	2	9	4
2	4	8	9	7	1	5	6	3
6	9	3	5	4	2	7	1	8
8	6	9	1	5	4	3	7	2
1	3	2	8	9	7	4	5	6
7	5	4	3	2	6	9	8	1

HARD - 164

3	1	2	4	5	7	6	8	9
6	9	7	2	3	8	1	4	5
8	4	5	1	6	9	2	3	7
4	2	6	8	7	1	9	5	3
5	7	1	3	9	6	8	2	4
9	3	8	5	4	2	7	1	6
2	5	9	6	1	4	3	7	8
7	8	3	9	2	5	4	6	1
1	6	4	7	8	3	5	9	2

HARD - 165

2	1	5	8	6	3	9	4	7
7	9	6	2	4	5	8	1	3
4	8	3	1	9	7	6	2	5
3	4	1	7	8	2	5	6	9
6	5	8	9	3	4	1	7	2
9	7	2	6	5	1	4	3	8
5	6	7	3	1	9	2	8	4
8	3	9	4	2	6	7	5	1
1	2	4	5	7	8	3	9	6

HARD - 166

9	3	2	6	5	7	4	8	1
4	1	5	3	8	2	9	7	6
8	7	6	9	4	1	2	3	5
6	4	1	5	7	8	3	9	2
3	2	8	4	9	6	5	1	7
7	5	9	2	1	3	8	6	4
2	6	7	8	3	5	1	4	9
5	8	4	1	6	9	7	2	3
1	9	3	7	2	4	6	5	8

HARD - 167

4	5	8	3	6	9	1	7	2
1	3	7	8	5	2	4	9	6
9	2	6	1	7	4	8	3	5
5	7	9	4	3	8	2	6	1
3	6	4	7	2	1	5	8	9
2	8	1	6	9	5	7	4	3
7	1	5	9	4	6	3	2	8
8	9	3	2	1	7	6	5	4
6	4	2	5	8	3	9	1	7

HARD - 168

2	5	7	6	4	3	8	9	1
4	9	1	7	5	8	3	2	6
8	3	6	9	1	2	7	4	5
1	2	3	4	8	5	9	6	7
5	7	9	3	2	6	4	1	8
6	4	8	1	7	9	2	5	3
7	8	2	5	6	4	1	3	9
9	6	4	8	3	1	5	7	2
3	1	5	2	9	7	6	8	4

HARD - 169

9	3	4	1	6	8	2	5	7
1	5	2	9	4	7	6	8	3
8	6	7	5	2	3	9	4	1
7	1	8	6	3	9	4	2	5
2	9	3	4	5	1	7	6	8
6	4	5	7	8	2	1	3	9
4	7	6	3	9	5	8	1	2
5	8	1	2	7	6	3	9	4
3	2	9	8	1	4	5	7	6

HARD - 170

2	5	1	7	9	4	3	8	6
4	6	9	2	3	8	7	1	5
8	7	3	6	5	1	2	9	4
7	2	6	9	1	5	8	4	3
5	9	8	3	4	2	1	6	7
1	3	4	8	7	6	5	2	9
6	4	5	1	2	7	9	3	8
9	1	7	4	8	3	6	5	2
3	8	2	5	6	9	4	7	1

HARD - 171

5	7	3	4	1	2	8	9	6
4	1	9	7	6	8	2	3	5
8	2	6	9	3	5	4	7	1
1	6	8	5	7	3	9	4	2
3	4	2	1	8	9	6	5	7
7	9	5	6	2	4	1	8	3
2	3	7	8	4	1	5	6	9
6	5	4	2	9	7	3	1	8
9	8	1	3	5	6	7	2	4

HARD - 172

1	4	2	8	9	7	6	5	3
8	7	6	5	3	2	9	4	1
9	5	3	4	6	1	7	2	8
2	1	4	9	5	6	8	3	7
7	3	9	1	4	8	5	6	2
6	8	5	2	7	3	1	9	4
3	6	1	7	2	9	4	8	5
5	2	7	6	8	4	3	1	9
4	9	8	3	1	5	2	7	6

HARD - 173

7	1	8	9	3	4	6	5	2
5	9	3	6	2	1	4	7	8
4	2	6	5	8	7	3	9	1
2	3	4	1	5	8	7	6	9
9	8	7	2	6	3	1	4	5
1	6	5	4	7	9	8	2	3
3	5	9	7	1	6	2	8	4
8	7	2	3	4	5	9	1	6
6	4	1	8	9	2	5	3	7

HARD - 174

3	7	4	9	5	8	1	2	6
9	1	8	6	2	3	5	4	7
6	5	2	4	7	1	3	9	8
5	2	9	7	8	6	4	3	1
7	4	6	1	3	2	9	8	5
8	3	1	5	4	9	6	7	2
2	6	7	3	9	5	8	1	4
1	8	3	2	6	4	7	5	9
4	9	5	8	1	7	2	6	3

HARD - 175

9	2	5	8	7	3	1	4	6
7	1	8	4	6	5	9	3	2
3	4	6	1	2	9	7	8	5
4	5	7	9	8	2	6	1	3
8	6	9	5	3	1	4	2	7
2	3	1	6	4	7	8	5	9
1	8	2	3	9	6	5	7	4
5	9	3	7	1	4	2	6	8
6	7	4	2	5	8	3	9	1

HARD - 176

1	8	2	5	3	7	4	6	9
5	6	3	8	4	9	1	7	2
7	4	9	2	6	1	8	3	5
4	2	1	6	9	8	7	5	3
6	3	5	7	2	4	9	8	1
9	7	8	1	5	3	2	4	6
8	5	6	9	7	2	3	1	4
2	1	4	3	8	6	5	9	7
3	9	7	4	1	5	6	2	8

HARD - 177

8	1	2	9	5	4	7	6	3
4	9	3	6	2	7	1	8	5
7	6	5	1	3	8	9	2	4
5	7	1	8	4	6	2	3	9
2	8	4	3	7	9	5	1	6
9	3	6	2	1	5	8	4	7
6	4	9	7	8	2	3	5	1
3	2	7	5	6	1	4	9	8
1	5	8	4	9	3	6	7	2

HARD - 178

5	7	6	1	2	4	8	9	3
3	8	4	7	6	9	5	2	1
1	9	2	5	8	3	4	7	6
7	4	9	2	3	1	6	8	5
2	6	3	8	7	5	9	1	4
8	1	5	4	9	6	7	3	2
6	2	8	3	4	7	1	5	9
9	3	1	6	5	8	2	4	7
4	5	7	9	1	2	3	6	8

HARD - 179

8	1	2	7	6	5	4	3	9
9	7	6	3	1	4	5	2	8
5	4	3	2	8	9	6	1	7
3	6	9	8	2	7	1	4	5
7	5	1	4	3	6	9	8	2
4	2	8	5	9	1	7	6	3
6	3	4	9	5	8	2	7	1
2	9	7	1	4	3	8	5	6
1	8	5	6	7	2	3	9	4

HARD - 180

8	4	3	6	2	9	7	1	5
5	6	1	3	7	4	9	8	2
2	7	9	1	8	5	3	4	6
6	9	5	2	4	3	1	7	8
1	3	4	8	6	7	2	5	9
7	2	8	5	9	1	6	3	4
3	8	2	7	5	6	4	9	1
9	5	7	4	1	2	8	6	3
4	1	6	9	3	8	5	2	7

HARD - 181

3	7	9	2	5	6	4	1	8
6	5	1	4	8	7	2	3	9
8	2	4	9	1	3	5	7	6
1	4	7	5	6	9	8	2	3
9	6	2	3	4	8	1	5	7
5	8	3	1	7	2	6	9	4
7	9	8	6	2	1	3	4	5
2	3	5	8	9	4	7	6	1
4	1	6	7	3	5	9	8	2

HARD - 182

8	1	9	5	2	7	6	4	3
2	4	7	3	6	1	8	5	9
5	3	6	4	8	9	7	1	2
3	6	2	9	1	4	5	7	8
1	7	8	6	3	5	2	9	4
9	5	4	2	7	8	1	3	6
4	2	1	8	5	3	9	6	7
6	9	5	7	4	2	3	8	1
7	8	3	1	9	6	4	2	5

HARD - 183

1	4	3	8	2	7	9	6	5
8	9	5	4	6	3	7	2	1
2	6	7	5	9	1	8	4	3
4	7	8	9	5	6	1	3	2
3	5	2	1	4	8	6	9	7
9	1	6	3	7	2	5	8	4
7	3	9	6	1	4	2	5	8
5	8	1	2	3	9	4	7	6
6	2	4	7	8	5	3	1	9

HARD - 184

4	9	7	8	6	2	5	3	1
8	6	3	7	1	5	4	9	2
5	2	1	3	9	4	6	8	7
6	3	8	1	5	7	2	4	9
1	5	2	6	4	9	8	7	3
7	4	9	2	3	8	1	5	6
3	1	4	5	7	6	9	2	8
9	8	6	4	2	3	7	1	5
2	7	5	9	8	1	3	6	4

HARD - 185

5	8	6	2	4	9	3	1	7
3	1	4	8	7	5	2	6	9
2	9	7	1	3	6	8	5	4
1	7	9	4	5	8	6	2	3
8	5	3	6	9	2	4	7	1
6	4	2	3	1	7	9	8	5
7	3	8	5	2	4	1	9	6
4	6	5	9	8	1	7	3	2
9	2	1	7	6	3	5	4	8

HARD - 186

6	2	5	7	9	8	3	4	1
7	8	1	4	2	3	6	9	5
9	3	4	5	1	6	2	8	7
5	9	2	3	8	1	7	6	4
8	1	3	6	4	7	5	2	9
4	6	7	9	5	2	1	3	8
3	5	6	8	7	9	4	1	2
2	7	9	1	3	4	8	5	6
1	4	8	2	6	5	9	7	3

HARD - 187

3	5	1	4	2	8	6	9	7
8	4	6	3	7	9	1	5	2
9	2	7	1	5	6	3	4	8
7	9	3	6	4	1	2	8	5
5	1	8	2	9	7	4	6	3
4	6	2	8	3	5	9	7	1
2	3	9	5	8	4	7	1	6
6	7	5	9	1	2	8	3	4
1	8	4	7	6	3	5	2	9

HARD - 188

1	8	2	3	4	6	7	5	9
9	3	7	1	2	5	6	8	4
4	5	6	7	9	8	2	1	3
2	6	8	5	3	7	9	4	1
7	1	5	9	6	4	3	2	8
3	9	4	8	1	2	5	7	6
5	7	9	6	8	1	4	3	2
8	4	3	2	7	9	1	6	5
6	2	1	4	5	3	8	9	7

HARD - 189

5	4	8	2	1	3	7	9	6
6	9	7	8	4	5	2	3	1
1	3	2	7	6	9	4	5	8
2	5	3	4	7	8	6	1	9
8	7	1	9	5	6	3	4	2
9	6	4	3	2	1	5	8	7
3	2	6	1	9	4	8	7	5
4	1	5	6	8	7	9	2	3
7	8	9	5	3	2	1	6	4

HARD - 190

8	3	1	7	6	2	9	5	4
6	2	5	9	3	4	7	8	1
9	7	4	8	1	5	3	2	6
7	5	3	6	2	1	4	9	8
4	1	9	5	7	8	2	6	3
2	8	6	3	4	9	1	7	5
5	6	7	4	9	3	8	1	2
1	4	8	2	5	7	6	3	9
3	9	2	1	8	6	5	4	7

HARD - 191

7	9	4	2	8	3	5	6	1
6	8	1	9	5	7	3	4	2
2	3	5	1	4	6	7	9	8
1	5	8	4	3	2	6	7	9
9	7	3	5	6	8	2	1	4
4	6	2	7	1	9	8	3	5
3	2	9	8	7	4	1	5	6
5	4	7	6	2	1	9	8	3
8	1	6	3	9	5	4	2	7

HARD - 192

8	9	3	6	1	4	2	7	5
1	5	7	8	2	9	4	3	6
4	2	6	5	7	3	9	8	1
9	4	2	3	6	1	8	5	7
5	3	8	9	4	7	6	1	2
6	7	1	2	5	8	3	4	9
3	8	5	1	9	6	7	2	4
7	1	9	4	8	2	5	6	3
2	6	4	7	3	5	1	9	8

HARD - 193

3	7	2	4	8	1	9	6	5
8	6	9	7	2	5	1	4	3
5	4	1	6	9	3	2	7	8
7	9	3	5	6	4	8	2	1
1	2	8	3	7	9	4	5	6
4	5	6	8	1	2	7	3	9
9	3	5	1	4	7	6	8	2
6	1	7	2	5	8	3	9	4
2	8	4	9	3	6	5	1	7

HARD - 194

9	2	8	4	6	7	5	1	3
4	7	6	1	3	5	8	9	2
1	5	3	8	9	2	4	6	7
6	1	5	2	7	4	9	3	8
8	9	7	3	1	6	2	4	5
3	4	2	9	5	8	1	7	6
2	8	9	7	4	3	6	5	1
7	6	1	5	8	9	3	2	4
5	3	4	6	2	1	7	8	9

HARD - 195

6	7	4	5	1	8	2	9	3
5	3	2	7	9	4	8	6	1
9	8	1	3	2	6	5	4	7
1	9	8	2	6	7	4	3	5
3	2	6	4	5	1	7	8	9
7	4	5	9	8	3	1	2	6
4	5	9	6	7	2	3	1	8
2	1	7	8	3	9	6	5	4
8	6	3	1	4	5	9	7	2

HARD - 196

2	3	5	8	4	6	9	7	1
9	6	4	5	1	7	2	8	3
1	7	8	9	3	2	4	5	6
6	4	7	2	9	1	8	3	5
5	2	1	3	7	8	6	4	9
8	9	3	6	5	4	7	1	2
4	8	9	1	6	5	3	2	7
7	1	6	4	2	3	5	9	8
3	5	2	7	8	9	1	6	4

HARD - 197

6	5	9	7	8	2	4	3	1
4	8	3	6	1	5	2	7	9
7	1	2	4	3	9	8	5	6
3	2	7	9	5	8	1	6	4
9	4	8	1	7	6	5	2	3
5	6	1	2	4	3	9	8	7
8	7	6	5	9	4	3	1	2
1	3	4	8	2	7	6	9	5
2	9	5	3	6	1	7	4	8

HARD - 198

3	8	5	2	6	4	9	7	1
7	9	6	1	8	3	4	2	5
4	1	2	7	9	5	3	6	8
1	2	9	3	5	6	7	8	4
8	6	4	9	7	1	2	5	3
5	7	3	4	2	8	1	9	6
9	3	8	5	4	2	6	1	7
6	4	7	8	1	9	5	3	2
2	5	1	6	3	7	8	4	9

HARD - 199

3	6	7	9	2	4	8	5	1
8	5	4	3	6	1	7	2	9
1	9	2	8	7	5	4	3	6
7	4	1	2	5	8	6	9	3
9	8	5	6	1	3	2	7	4
6	2	3	7	4	9	1	8	5
2	3	6	1	9	7	5	4	8
5	7	8	4	3	6	9	1	2
4	1	9	5	8	2	3	6	7

HARD - 200

8	4	9	7	5	3	1	2	6
7	5	1	2	6	4	3	9	8
2	3	6	8	1	9	5	7	4
4	6	3	1	2	8	9	5	7
9	1	7	5	4	6	8	3	2
5	2	8	3	9	7	4	6	1
6	8	4	9	3	2	7	1	5
1	9	2	4	7	5	6	8	3
3	7	5	6	8	1	2	4	9

VERY HARD - 1

8	1	3	2	6	7	9	5	4
7	6	9	5	4	3	8	2	1
4	2	5	1	8	9	7	3	6
2	4	6	7	3	5	1	9	8
3	7	1	9	2	8	6	4	5
5	9	8	4	1	6	2	7	3
9	8	2	3	5	1	4	6	7
6	3	7	8	9	4	5	1	2
1	5	4	6	7	2	3	8	9

VERY HARD - 2

5	6	1	3	9	8	4	7	2
7	8	2	1	4	6	5	3	9
9	3	4	5	7	2	1	8	6
6	5	3	7	1	4	9	2	8
2	1	8	9	6	5	3	4	7
4	7	9	8	2	3	6	1	5
1	2	6	4	8	9	7	5	3
3	9	7	2	5	1	8	6	4
8	4	5	6	3	7	2	9	1

VERY HARD - 3

3	4	1	9	6	7	8	2	5
9	7	5	2	8	3	1	6	4
6	2	8	1	4	5	3	7	9
5	9	2	3	7	1	4	8	6
8	1	3	6	2	4	5	9	7
4	6	7	5	9	8	2	3	1
7	5	4	8	3	6	9	1	2
2	8	6	4	1	9	7	5	3
1	3	9	7	5	2	6	4	8

VERY HARD - 4

2	7	5	8	6	1	3	9	4
8	6	3	9	4	5	7	2	1
1	4	9	7	3	2	5	6	8
6	5	2	1	9	8	4	3	7
4	9	1	5	7	3	6	8	2
3	8	7	6	2	4	1	5	9
5	3	4	2	1	9	8	7	6
7	2	8	4	5	6	9	1	3
9	1	6	3	8	7	2	4	5

VERY HARD - 5

5	8	7	1	2	4	9	3	6
4	1	3	6	7	9	2	8	5
9	6	2	3	8	5	7	4	1
2	3	4	9	6	1	5	7	8
7	9	1	8	5	3	4	6	2
6	5	8	7	4	2	3	1	9
8	2	6	5	3	7	1	9	4
3	4	9	2	1	6	8	5	7
1	7	5	4	9	8	6	2	3

VERY HARD - 6

4	1	8	6	7	3	5	9	2
6	9	5	2	8	1	4	3	7
2	3	7	9	5	4	1	6	8
3	5	4	7	9	8	2	1	6
1	8	9	4	2	6	3	7	5
7	2	6	3	1	5	8	4	9
9	7	1	8	3	2	6	5	4
8	4	3	5	6	9	7	2	1
5	6	2	1	4	7	9	8	3

VERY HARD - 7

3	6	9	2	8	4	7	5	1
5	4	2	6	1	7	3	9	8
8	1	7	3	5	9	2	4	6
2	8	6	5	4	3	9	1	7
4	9	3	1	7	8	5	6	2
1	7	5	9	6	2	8	3	4
6	2	1	8	3	5	4	7	9
9	5	4	7	2	1	6	8	3
7	3	8	4	9	6	1	2	5

VERY HARD - 8

4	7	8	3	9	2	6	5	1
6	5	9	1	7	8	3	2	4
1	2	3	4	6	5	7	9	8
5	4	7	8	2	3	9	1	6
9	3	6	7	5	1	4	8	2
8	1	2	9	4	6	5	7	3
3	9	5	2	1	4	8	6	7
7	8	1	6	3	9	2	4	5
2	6	4	5	8	7	1	3	9

VERY HARD - 9

1	4	9	7	6	5	2	3	8
5	3	7	2	8	4	6	9	1
2	8	6	3	1	9	4	7	5
8	2	4	1	7	3	5	6	9
3	9	1	5	4	6	8	2	7
7	6	5	8	9	2	3	1	4
6	7	2	4	5	1	9	8	3
4	1	3	9	2	8	7	5	6
9	5	8	6	3	7	1	4	2

VERY HARD - 10

7	4	5	2	6	8	9	3	1
2	6	3	1	5	9	8	4	7
9	8	1	4	3	7	5	2	6
4	9	7	3	8	6	2	1	5
3	5	2	7	1	4	6	8	9
8	1	6	5	9	2	4	7	3
5	2	4	9	7	3	1	6	8
1	7	8	6	4	5	3	9	2
6	3	9	8	2	1	7	5	4

VERY HARD - 11

7	6	5	1	3	8	4	2	9
2	1	3	7	4	9	5	6	8
8	4	9	2	5	6	7	1	3
4	9	2	8	7	5	6	3	1
6	5	7	3	9	1	8	4	2
1	3	8	6	2	4	9	7	5
5	7	4	9	1	2	3	8	6
3	8	1	5	6	7	2	9	4
9	2	6	4	8	3	1	5	7

VERY HARD - 12

7	4	1	6	8	3	5	9	2
9	5	8	2	4	1	3	6	7
3	6	2	5	9	7	8	1	4
6	8	4	7	1	5	9	2	3
2	7	5	9	3	4	1	8	6
1	3	9	8	6	2	7	4	5
5	1	6	4	7	8	2	3	9
8	9	7	3	2	6	4	5	1
4	2	3	1	5	9	6	7	8

VERY HARD - 13

2	9	8	3	4	1	6	7	5
6	4	1	8	7	5	3	2	9
3	5	7	9	2	6	1	8	4
7	6	9	2	3	8	5	4	1
4	8	3	1	5	9	2	6	7
1	2	5	7	6	4	8	9	3
8	7	6	4	1	3	9	5	2
9	3	4	5	8	2	7	1	6
5	1	2	6	9	7	4	3	8

VERY HARD - 14

2	7	6	9	3	8	1	5	4
5	9	8	6	1	4	2	7	3
4	1	3	2	5	7	6	9	8
6	5	9	3	4	2	7	8	1
8	3	7	5	6	1	9	4	2
1	2	4	8	7	9	3	6	5
3	4	2	7	9	5	8	1	6
7	6	1	4	8	3	5	2	9
9	8	5	1	2	6	4	3	7

VERY HARD - 15

9	3	7	5	4	8	1	6	2
4	2	5	1	6	3	7	9	8
1	8	6	9	2	7	3	4	5
8	7	2	6	9	4	5	1	3
3	6	9	8	1	5	4	2	7
5	1	4	7	3	2	9	8	6
2	5	3	4	8	9	6	7	1
6	9	8	3	7	1	2	5	4
7	4	1	2	5	6	8	3	9

VERY HARD - 16

9	7	4	3	5	2	1	6	8
1	2	5	8	6	7	9	3	4
3	6	8	4	9	1	2	5	7
2	1	9	6	7	8	5	4	3
5	3	7	9	1	4	8	2	6
8	4	6	2	3	5	7	9	1
6	9	1	7	2	3	4	8	5
7	8	3	5	4	9	6	1	2
4	5	2	1	8	6	3	7	9

VERY HARD - 17

4	1	7	9	5	2	8	3	6
2	3	5	4	8	6	1	7	9
8	9	6	7	1	3	4	5	2
7	8	1	2	3	9	6	4	5
6	5	9	1	4	7	3	2	8
3	2	4	8	6	5	7	9	1
1	4	3	5	2	8	9	6	7
5	7	8	6	9	4	2	1	3
9	6	2	3	7	1	5	8	4

VERY HARD - 18

7	4	3	1	6	9	2	5	8
8	5	9	3	7	2	6	1	4
1	2	6	8	4	5	7	9	3
9	7	1	6	2	4	8	3	5
2	3	4	5	8	7	1	6	9
5	6	8	9	1	3	4	7	2
6	1	5	2	3	8	9	4	7
4	9	2	7	5	6	3	8	1
3	8	7	4	9	1	5	2	6

VERY HARD - 19

6	5	3	1	9	7	4	8	2
8	2	1	5	6	4	9	3	7
4	9	7	2	3	8	1	6	5
1	8	2	3	7	9	5	4	6
3	7	6	8	4	5	2	9	1
5	4	9	6	2	1	8	7	3
2	3	5	9	8	6	7	1	4
7	1	8	4	5	3	6	2	9
9	6	4	7	1	2	3	5	8

VERY HARD - 20

5	2	8	7	4	3	9	1	6
7	3	9	1	8	6	5	2	4
1	4	6	2	5	9	7	3	8
9	1	4	6	3	5	2	8	7
8	6	5	4	2	7	3	9	1
2	7	3	8	9	1	4	6	5
6	8	2	3	7	4	1	5	9
4	9	1	5	6	2	8	7	3
3	5	7	9	1	8	6	4	2

VERY HARD - 21

9	3	1	2	8	4	7	6	5
5	6	7	9	1	3	2	8	4
2	4	8	7	5	6	3	9	1
3	7	6	8	9	5	1	4	2
8	9	2	4	3	1	5	7	6
1	5	4	6	7	2	8	3	9
6	8	3	5	2	9	4	1	7
7	2	9	1	4	8	6	5	3
4	1	5	3	6	7	9	2	8

VERY HARD - 22

8	6	5	7	9	3	1	4	2
1	3	4	6	2	8	5	7	9
9	7	2	1	4	5	6	3	8
7	4	3	9	8	1	2	6	5
5	1	8	2	6	4	3	9	7
2	9	6	5	3	7	8	1	4
6	5	7	4	1	2	9	8	3
3	2	9	8	7	6	4	5	1
4	8	1	3	5	9	7	2	6

VERY HARD - 23

1	6	7	5	8	2	3	9	4
3	9	5	4	6	7	1	2	8
4	8	2	1	9	3	6	5	7
7	3	1	8	2	5	9	4	6
2	4	9	3	7	6	5	8	1
6	5	8	9	4	1	2	7	3
5	2	3	7	1	4	8	6	9
9	7	6	2	3	8	4	1	5
8	1	4	6	5	9	7	3	2

VERY HARD - 24

8	2	6	4	3	9	7	5	1
7	9	1	2	5	6	3	8	4
3	5	4	8	1	7	6	9	2
4	6	7	9	8	1	2	3	5
5	3	8	7	6	2	4	1	9
2	1	9	3	4	5	8	6	7
6	4	5	1	2	3	9	7	8
9	8	3	5	7	4	1	2	6
1	7	2	6	9	8	5	4	3

VERY HARD - 25

5	1	2	8	9	3	4	6	7
4	7	6	2	1	5	8	9	3
3	9	8	6	7	4	1	2	5
6	5	1	7	3	8	2	4	9
8	2	4	9	5	1	7	3	6
7	3	9	4	2	6	5	1	8
9	6	5	1	8	2	3	7	4
1	8	7	3	4	9	6	5	2
2	4	3	5	6	7	9	8	1

VERY HARD - 26

3	1	7	4	6	2	5	9	8
5	8	4	1	9	7	6	2	3
6	2	9	5	3	8	1	7	4
1	4	5	3	7	9	2	8	6
8	9	6	2	4	1	3	5	7
2	7	3	6	8	5	4	1	9
9	3	2	8	5	6	7	4	1
7	6	1	9	2	4	8	3	5
4	5	8	7	1	3	9	6	2

VERY HARD - 27

2	5	4	8	3	9	1	6	7
3	1	9	7	5	6	4	8	2
7	8	6	4	1	2	3	5	9
8	4	7	5	9	1	2	3	6
1	3	5	2	6	8	9	7	4
6	9	2	3	4	7	8	1	5
4	6	8	1	2	5	7	9	3
5	7	3	9	8	4	6	2	1
9	2	1	6	7	3	5	4	8

VERY HARD - 28

2	3	8	4	6	1	7	9	5
6	4	9	2	5	7	8	1	3
5	1	7	3	9	8	2	4	6
7	9	4	6	8	3	5	2	1
3	8	5	7	1	2	9	6	4
1	2	6	9	4	5	3	7	8
9	5	1	8	2	4	6	3	7
4	7	2	5	3	6	1	8	9
8	6	3	1	7	9	4	5	2

VERY HARD - 29

8	9	6	5	7	2	3	4	1
7	3	1	4	8	9	2	6	5
4	5	2	3	1	6	8	7	9
2	1	3	6	5	7	4	9	8
9	6	7	8	4	3	5	1	2
5	4	8	9	2	1	6	3	7
1	2	4	7	6	8	9	5	3
6	7	9	2	3	5	1	8	4
3	8	5	1	9	4	7	2	6

VERY HARD - 30

4	2	1	7	5	8	6	9	3
6	3	7	9	1	4	2	5	8
5	8	9	2	6	3	7	4	1
9	1	8	5	2	7	4	3	6
7	4	5	6	3	1	9	8	2
3	6	2	4	8	9	1	7	5
8	9	6	1	4	5	3	2	7
1	7	3	8	9	2	5	6	4
2	5	4	3	7	6	8	1	9

VERY HARD - 31

8	9	5	4	1	6	3	2	7
3	7	4	8	9	2	6	1	5
6	2	1	7	5	3	8	4	9
5	6	9	1	2	8	4	7	3
4	3	7	5	6	9	1	8	2
1	8	2	3	7	4	9	5	6
7	5	3	6	8	1	2	9	4
9	4	8	2	3	7	5	6	1
2	1	6	9	4	5	7	3	8

VERY HARD - 32

6	1	5	4	2	7	3	8	9
9	4	7	5	8	3	6	1	2
3	2	8	9	1	6	5	7	4
4	8	9	6	3	2	7	5	1
2	3	1	7	4	5	8	9	6
7	5	6	1	9	8	4	2	3
1	7	2	3	5	4	9	6	8
5	9	3	8	6	1	2	4	7
8	6	4	2	7	9	1	3	5

VERY HARD - 33

6	3	5	9	2	1	7	4	8
9	7	1	8	3	4	5	6	2
8	4	2	5	6	7	9	1	3
2	5	6	4	1	3	8	7	9
7	8	4	6	9	5	2	3	1
3	1	9	7	8	2	4	5	6
4	6	8	3	7	9	1	2	5
1	9	7	2	5	6	3	8	4
5	2	3	1	4	8	6	9	7

VERY HARD - 34

2	3	8	6	5	7	4	1	9
6	9	5	4	2	1	7	3	8
1	4	7	9	3	8	2	6	5
9	8	6	5	7	4	1	2	3
7	2	3	8	1	9	5	4	6
4	5	1	3	6	2	9	8	7
8	1	2	7	9	6	3	5	4
3	6	9	2	4	5	8	7	1
5	7	4	1	8	3	6	9	2

VERY HARD - 35

3	7	6	5	1	4	2	9	8
5	2	8	3	9	6	7	4	1
1	4	9	7	2	8	5	3	6
2	9	1	4	5	7	6	8	3
8	5	3	1	6	2	9	7	4
4	6	7	8	3	9	1	5	2
6	1	4	9	7	3	8	2	5
9	3	5	2	8	1	4	6	7
7	8	2	6	4	5	3	1	9

VERY HARD - 36

2	9	7	5	8	1	4	6	3
6	8	1	7	4	3	9	5	2
3	4	5	9	6	2	7	8	1
9	5	2	3	1	8	6	4	7
8	6	3	4	9	7	2	1	5
7	1	4	6	2	5	8	3	9
5	7	9	8	3	4	1	2	6
1	3	8	2	7	6	5	9	4
4	2	6	1	5	9	3	7	8

VERY HARD - 37

3	5	4	9	6	2	7	1	8
8	9	1	7	3	5	6	2	4
7	6	2	8	1	4	9	5	3
1	8	7	5	2	3	4	6	9
6	4	9	1	8	7	2	3	5
5	2	3	4	9	6	1	8	7
9	1	5	2	4	8	3	7	6
2	7	6	3	5	9	8	4	1
4	3	8	6	7	1	5	9	2

VERY HARD - 38

1	9	8	7	4	5	6	2	3
7	2	6	9	1	3	5	4	8
3	4	5	6	2	8	9	1	7
6	3	9	5	8	1	4	7	2
2	7	1	4	9	6	8	3	5
5	8	4	2	3	7	1	6	9
4	6	2	8	7	9	3	5	1
9	5	3	1	6	2	7	8	4
8	1	7	3	5	4	2	9	6

VERY HARD - 39

1	8	3	9	2	4	5	6	7
6	4	5	3	7	1	8	9	2
2	9	7	5	8	6	1	3	4
7	6	9	2	3	5	4	8	1
5	3	4	8	1	7	6	2	9
8	2	1	4	6	9	7	5	3
4	5	6	7	9	3	2	1	8
3	1	8	6	4	2	9	7	5
9	7	2	1	5	8	3	4	6

VERY HARD - 40

4	2	6	1	7	3	5	9	8
7	9	5	2	6	8	3	4	1
1	3	8	5	9	4	7	6	2
3	6	9	8	4	7	1	2	5
8	5	4	3	2	1	9	7	6
2	1	7	6	5	9	4	8	3
9	8	3	4	1	2	6	5	7
6	7	1	9	8	5	2	3	4
5	4	2	7	3	6	8	1	9

VERY HARD - 41

5	2	7	1	3	9	8	4	6
3	4	6	8	7	2	5	1	9
8	9	1	6	5	4	7	3	2
6	1	5	4	2	7	3	9	8
9	8	4	3	1	5	2	6	7
7	3	2	9	6	8	1	5	4
4	5	9	7	8	1	6	2	3
2	7	3	5	4	6	9	8	1
1	6	8	2	9	3	4	7	5

VERY HARD - 42

1	2	7	4	6	8	5	9	3
9	6	4	7	3	5	2	8	1
5	8	3	9	1	2	7	6	4
8	1	6	5	2	7	3	4	9
4	7	9	6	8	3	1	2	5
3	5	2	1	4	9	8	7	6
7	9	8	3	5	4	6	1	2
6	4	5	2	7	1	9	3	8
2	3	1	8	9	6	4	5	7

VERY HARD - 43

1	3	9	2	8	4	5	7	6
6	2	4	7	5	9	1	8	3
5	8	7	6	3	1	4	9	2
9	7	3	4	2	6	8	1	5
2	1	8	5	9	7	6	3	4
4	5	6	3	1	8	9	2	7
3	6	1	9	4	2	7	5	8
7	9	2	8	6	5	3	4	1
8	4	5	1	7	3	2	6	9

VERY HARD - 44

4	6	5	1	2	3	9	7	8
8	3	1	7	9	5	6	4	2
2	7	9	6	4	8	5	1	3
7	8	2	4	3	9	1	5	6
3	5	4	2	6	1	8	9	7
1	9	6	8	5	7	2	3	4
6	1	3	9	7	2	4	8	5
5	2	8	3	1	4	7	6	9
9	4	7	5	8	6	3	2	1

VERY HARD - 45

3	6	4	5	8	1	9	7	2
5	2	9	3	4	7	8	1	6
7	1	8	2	6	9	5	4	3
6	3	7	4	1	5	2	9	8
1	8	2	6	9	3	7	5	4
9	4	5	7	2	8	3	6	1
2	5	1	9	3	4	6	8	7
4	7	3	8	5	6	1	2	9
8	9	6	1	7	2	4	3	5

VERY HARD - 46

3	1	2	9	7	5	6	4	8
4	9	7	6	8	1	2	3	5
5	8	6	2	3	4	1	9	7
6	5	9	1	4	8	7	2	3
1	3	8	7	9	2	4	5	6
7	2	4	3	5	6	9	8	1
2	4	3	8	6	7	5	1	9
8	7	1	5	2	9	3	6	4
9	6	5	4	1	3	8	7	2

VERY HARD - 47

9	4	3	8	7	5	6	1	2
7	2	1	3	6	4	5	8	9
6	8	5	1	2	9	4	3	7
4	3	9	6	1	2	8	7	5
8	1	2	5	3	7	9	4	6
5	6	7	4	9	8	1	2	3
1	5	6	2	8	3	7	9	4
2	9	8	7	4	6	3	5	1
3	7	4	9	5	1	2	6	8

VERY HARD - 48

6	5	9	8	3	2	7	4	1
3	2	4	1	7	5	8	9	6
8	7	1	9	4	6	3	2	5
4	9	7	2	6	8	5	1	3
2	3	5	7	9	1	4	6	8
1	8	6	4	5	3	2	7	9
7	4	8	3	1	9	6	5	2
9	6	3	5	2	7	1	8	4
5	1	2	6	8	4	9	3	7

VERY HARD - 49

1	9	7	8	3	2	4	6	5
4	6	3	5	7	1	2	8	9
5	2	8	4	6	9	3	7	1
6	7	4	1	5	3	9	2	8
8	1	9	6	2	7	5	3	4
2	3	5	9	4	8	7	1	6
9	8	2	3	1	5	6	4	7
7	5	6	2	8	4	1	9	3
3	4	1	7	9	6	8	5	2

VERY HARD - 50

3	5	8	6	2	7	9	1	4
7	1	6	4	3	9	5	2	8
2	9	4	5	1	8	3	7	6
9	8	7	1	5	4	2	6	3
5	6	2	9	7	3	4	8	1
1	4	3	2	8	6	7	9	5
8	2	1	3	9	5	6	4	7
6	7	5	8	4	2	1	3	9
4	3	9	7	6	1	8	5	2

VERY HARD - 51

9	1	2	6	4	5	7	8	3
8	7	4	9	1	3	6	5	2
3	6	5	2	8	7	1	9	4
6	8	7	4	5	2	3	1	9
5	9	3	1	7	6	4	2	8
2	4	1	3	9	8	5	7	6
7	3	6	5	2	9	8	4	1
4	5	9	8	3	1	2	6	7
1	2	8	7	6	4	9	3	5

VERY HARD - 52

4	2	1	8	9	5	6	3	7
3	5	7	4	6	2	1	8	9
9	8	6	7	3	1	5	4	2
6	7	4	2	5	8	3	9	1
1	9	8	3	4	6	2	7	5
5	3	2	9	1	7	8	6	4
7	1	3	6	2	9	4	5	8
2	4	9	5	8	3	7	1	6
8	6	5	1	7	4	9	2	3

VERY HARD - 53

4	1	5	3	8	9	7	6	2
8	6	3	7	4	2	9	5	1
2	7	9	5	1	6	4	3	8
5	9	7	1	3	8	6	2	4
3	4	8	2	6	5	1	9	7
1	2	6	4	9	7	3	8	5
9	3	2	8	7	4	5	1	6
6	8	4	9	5	1	2	7	3
7	5	1	6	2	3	8	4	9

VERY HARD - 54

8	2	1	5	6	3	7	4	9
9	3	5	7	2	4	8	1	6
7	4	6	1	9	8	5	2	3
2	1	7	4	5	6	9	3	8
5	8	4	3	7	9	2	6	1
3	6	9	2	8	1	4	5	7
1	7	3	8	4	5	6	9	2
4	9	2	6	3	7	1	8	5
6	5	8	9	1	2	3	7	4

VERY HARD - 55

7	6	8	3	5	9	2	1	4
4	1	5	7	6	2	3	9	8
2	3	9	1	8	4	6	5	7
3	5	4	9	1	6	8	7	2
8	9	7	4	2	5	1	6	3
1	2	6	8	7	3	5	4	9
6	4	1	2	9	8	7	3	5
9	7	2	5	3	1	4	8	6
5	8	3	6	4	7	9	2	1

VERY HARD - 56

7	8	5	6	2	4	3	9	1
3	9	6	7	5	1	8	4	2
1	2	4	9	3	8	6	7	5
4	3	8	2	1	5	9	6	7
6	5	2	3	9	7	4	1	8
9	1	7	8	4	6	5	2	3
2	7	3	5	6	9	1	8	4
8	6	1	4	7	3	2	5	9
5	4	9	1	8	2	7	3	6

VERY HARD - 57

8	3	9	6	1	4	7	2	5
1	2	4	7	9	5	8	3	6
5	7	6	8	2	3	4	9	1
6	1	7	2	4	8	3	5	9
9	5	8	1	3	7	6	4	2
2	4	3	9	5	6	1	8	7
7	6	2	3	8	9	5	1	4
3	9	5	4	6	1	2	7	8
4	8	1	5	7	2	9	6	3

VERY HARD - 58

4	7	2	3	6	5	8	1	9
6	1	3	8	9	2	4	7	5
8	9	5	1	7	4	2	6	3
7	3	6	5	4	8	1	9	2
2	4	1	9	3	6	7	5	8
5	8	9	2	1	7	6	3	4
1	5	7	4	8	9	3	2	6
3	2	4	6	5	1	9	8	7
9	6	8	7	2	3	5	4	1

VERY HARD - 59

5	2	7	4	3	9	8	1	6
6	1	4	2	8	7	9	3	5
8	9	3	5	6	1	7	2	4
3	7	2	9	4	6	1	5	8
9	5	6	1	7	8	2	4	3
1	4	8	3	2	5	6	9	7
7	3	5	6	1	2	4	8	9
4	6	1	8	9	3	5	7	2
2	8	9	7	5	4	3	6	1

VERY HARD - 60

5	3	1	2	8	4	9	6	7
4	9	6	5	7	3	8	1	2
8	7	2	1	9	6	3	5	4
9	1	4	7	2	8	5	3	6
3	2	7	6	5	1	4	9	8
6	5	8	4	3	9	7	2	1
1	4	3	8	6	5	2	7	9
7	6	9	3	4	2	1	8	5
2	8	5	9	1	7	6	4	3

VERY HARD - 61

9	7	3	8	2	1	4	5	6
5	8	2	7	4	6	9	1	3
6	4	1	5	9	3	8	7	2
3	5	9	6	7	2	1	4	8
8	6	7	9	1	4	2	3	5
1	2	4	3	8	5	6	9	7
7	3	8	1	6	9	5	2	4
2	1	5	4	3	8	7	6	9
4	9	6	2	5	7	3	8	1

VERY HARD - 62

6	1	8	7	4	5	2	9	3
3	9	5	8	1	2	7	6	4
2	4	7	9	6	3	5	8	1
5	8	9	2	7	1	3	4	6
4	3	2	6	5	8	9	1	7
7	6	1	4	3	9	8	2	5
9	7	6	5	8	4	1	3	2
1	2	4	3	9	7	6	5	8
8	5	3	1	2	6	4	7	9

VERY HARD - 63

2	5	3	8	4	1	9	7	6
8	7	1	6	9	3	5	2	4
6	4	9	2	5	7	8	1	3
3	2	4	9	7	5	1	6	8
1	9	7	3	6	8	2	4	5
5	6	8	4	1	2	3	9	7
9	8	5	7	2	6	4	3	1
7	3	2	1	8	4	6	5	9
4	1	6	5	3	9	7	8	2

VERY HARD - 64

8	6	2	4	7	1	3	5	9
3	5	9	8	2	6	1	7	4
4	7	1	5	9	3	8	2	6
6	3	5	2	1	9	4	8	7
9	2	8	7	3	4	6	1	5
1	4	7	6	5	8	9	3	2
2	1	4	9	8	5	7	6	3
7	9	3	1	6	2	5	4	8
5	8	6	3	4	7	2	9	1

VERY HARD - 65

3	8	2	7	4	5	6	9	1
7	4	5	6	1	9	2	3	8
9	6	1	3	8	2	4	5	7
5	9	8	4	2	7	3	1	6
1	7	4	8	6	3	5	2	9
2	3	6	9	5	1	8	7	4
8	2	9	1	3	4	7	6	5
6	5	7	2	9	8	1	4	3
4	1	3	5	7	6	9	8	2

VERY HARD - 66

9	5	4	1	7	8	2	6	3
7	6	2	3	9	4	8	1	5
3	8	1	6	2	5	9	7	4
1	9	8	7	4	2	5	3	6
4	2	5	9	6	3	1	8	7
6	7	3	5	8	1	4	9	2
2	1	6	8	5	7	3	4	9
8	4	7	2	3	9	6	5	1
5	3	9	4	1	6	7	2	8

VERY HARD - 67

2	5	1	7	9	3	6	8	4
3	8	6	4	1	2	5	9	7
9	7	4	5	8	6	2	1	3
1	4	8	3	2	9	7	6	5
5	3	9	1	6	7	8	4	2
7	6	2	8	5	4	1	3	9
8	1	3	9	7	5	4	2	6
6	9	7	2	4	8	3	5	1
4	2	5	6	3	1	9	7	8

VERY HARD - 68

9	2	7	5	4	8	3	6	1
5	1	8	3	6	7	2	4	9
4	3	6	1	9	2	7	5	8
8	7	2	9	5	4	6	1	3
1	9	4	7	3	6	8	2	5
6	5	3	2	8	1	4	9	7
7	4	5	6	1	3	9	8	2
2	8	1	4	7	9	5	3	6
3	6	9	8	2	5	1	7	4

VERY HARD - 69

6	9	1	4	7	8	2	3	5
7	8	5	2	3	6	1	9	4
4	3	2	1	9	5	6	8	7
9	7	4	6	5	2	8	1	3
5	6	3	8	1	9	4	7	2
2	1	8	3	4	7	9	5	6
3	2	9	5	6	1	7	4	8
8	5	7	9	2	4	3	6	1
1	4	6	7	8	3	5	2	9

VERY HARD - 70

2	6	3	5	4	8	7	1	9
8	9	4	1	7	2	5	6	3
1	7	5	6	9	3	2	4	8
6	2	9	7	8	1	4	3	5
5	4	8	3	2	6	9	7	1
3	1	7	9	5	4	6	8	2
7	3	2	4	1	9	8	5	6
4	8	1	2	6	5	3	9	7
9	5	6	8	3	7	1	2	4

VERY HARD - 71

1	2	3	7	9	8	6	4	5
8	4	7	6	5	2	3	9	1
6	9	5	4	1	3	8	7	2
9	8	2	5	3	4	7	1	6
5	6	4	1	8	7	2	3	9
7	3	1	2	6	9	5	8	4
3	5	9	8	2	1	4	6	7
4	1	6	3	7	5	9	2	8
2	7	8	9	4	6	1	5	3

VERY HARD - 72

4	1	7	8	2	6	5	9	3
3	9	2	4	5	1	6	8	7
8	6	5	9	3	7	2	4	1
9	5	8	3	7	4	1	2	6
6	2	4	1	8	5	7	3	9
7	3	1	6	9	2	4	5	8
1	8	6	2	4	9	3	7	5
2	7	3	5	1	8	9	6	4
5	4	9	7	6	3	8	1	2

VERY HARD - 73

8	6	3	9	7	1	2	5	4
4	7	1	5	2	8	3	9	6
5	2	9	3	4	6	7	1	8
3	4	8	7	1	9	5	6	2
2	9	7	6	5	4	1	8	3
1	5	6	2	8	3	4	7	9
7	3	4	8	9	5	6	2	1
9	1	2	4	6	7	8	3	5
6	8	5	1	3	2	9	4	7

VERY HARD - 74

1	6	2	8	7	3	4	5	9
3	8	4	5	2	9	7	6	1
9	7	5	4	6	1	3	8	2
4	3	6	7	5	2	9	1	8
5	1	9	3	8	6	2	7	4
8	2	7	1	9	4	5	3	6
2	5	1	6	4	7	8	9	3
6	4	8	9	3	5	1	2	7
7	9	3	2	1	8	6	4	5

VERY HARD - 75

1	7	9	2	4	3	8	5	6
8	2	6	1	5	9	4	7	3
5	3	4	8	6	7	1	2	9
2	6	8	4	7	5	9	3	1
4	9	1	3	2	8	5	6	7
3	5	7	9	1	6	2	4	8
7	1	2	6	9	4	3	8	5
6	4	3	5	8	1	7	9	2
9	8	5	7	3	2	6	1	4

VERY HARD - 76

9	3	2	6	7	5	4	1	8
1	4	6	3	8	9	7	5	2
8	7	5	1	4	2	3	6	9
7	6	1	9	3	4	2	8	5
2	9	3	5	6	8	1	4	7
5	8	4	2	1	7	6	9	3
4	5	7	8	2	6	9	3	1
3	2	8	4	9	1	5	7	6
6	1	9	7	5	3	8	2	4

VERY HARD - 77

3	7	6	9	1	4	8	5	2
5	2	9	6	8	3	4	7	1
4	8	1	2	7	5	9	6	3
9	5	8	3	2	1	7	4	6
1	4	2	5	6	7	3	8	9
7	6	3	8	4	9	1	2	5
2	3	4	1	5	8	6	9	7
6	9	7	4	3	2	5	1	8
8	1	5	7	9	6	2	3	4

VERY HARD - 78

8	5	4	6	1	9	7	3	2
2	6	9	7	3	5	8	1	4
7	3	1	8	4	2	6	9	5
9	4	3	2	7	8	5	6	1
1	7	8	5	6	3	2	4	9
6	2	5	4	9	1	3	8	7
3	9	7	1	5	6	4	2	8
5	8	6	9	2	4	1	7	3
4	1	2	3	8	7	9	5	6

VERY HARD - 79

8	9	5	3	4	1	7	2	6
4	1	6	7	9	2	8	3	5
7	3	2	8	5	6	9	1	4
1	4	7	6	3	9	5	8	2
5	6	3	2	7	8	4	9	1
9	2	8	4	1	5	6	7	3
6	8	4	1	2	7	3	5	9
2	7	9	5	6	3	1	4	8
3	5	1	9	8	4	2	6	7

VERY HARD - 80

6	4	8	5	1	7	9	3	2
9	5	1	2	3	4	6	8	7
3	7	2	9	8	6	5	4	1
2	1	7	4	9	5	3	6	8
5	6	4	8	2	3	7	1	9
8	9	3	6	7	1	2	5	4
1	8	5	7	6	2	4	9	3
4	2	9	3	5	8	1	7	6
7	3	6	1	4	9	8	2	5

VERY HARD - 81

9	2	6	4	5	7	3	8	1
3	4	5	2	8	1	9	7	6
7	8	1	3	9	6	5	4	2
2	5	4	6	1	3	8	9	7
1	9	8	5	7	2	6	3	4
6	7	3	9	4	8	2	1	5
8	6	2	7	3	4	1	5	9
4	3	9	1	6	5	7	2	8
5	1	7	8	2	9	4	6	3

VERY HARD - 82

5	9	8	3	4	2	7	1	6
1	7	3	5	6	9	4	2	8
6	2	4	1	8	7	5	9	3
2	4	5	9	7	8	3	6	1
7	3	6	2	1	4	9	8	5
9	8	1	6	3	5	2	7	4
8	1	7	4	9	3	6	5	2
4	5	9	8	2	6	1	3	7
3	6	2	7	5	1	8	4	9

VERY HARD - 83

5	6	2	9	4	1	8	3	7
4	3	8	7	2	6	9	1	5
1	9	7	5	8	3	2	4	6
8	2	4	6	5	7	1	9	3
9	5	6	3	1	4	7	8	2
3	7	1	2	9	8	5	6	4
6	8	5	4	7	9	3	2	1
2	4	9	1	3	5	6	7	8
7	1	3	8	6	2	4	5	9

VERY HARD - 84

7	1	9	8	3	6	5	4	2
5	3	8	2	4	9	7	1	6
2	6	4	1	5	7	9	3	8
8	2	3	4	7	5	6	9	1
9	4	7	6	1	2	3	8	5
6	5	1	9	8	3	2	7	4
3	8	6	7	2	4	1	5	9
4	7	2	5	9	1	8	6	3
1	9	5	3	6	8	4	2	7

VERY HARD - 85

8	5	4	3	7	1	6	9	2
1	9	7	6	2	8	3	4	5
2	6	3	9	4	5	7	1	8
5	3	6	4	8	7	1	2	9
7	2	9	5	1	3	4	8	6
4	8	1	2	6	9	5	7	3
6	4	8	7	5	2	9	3	1
3	7	2	1	9	6	8	5	4
9	1	5	8	3	4	2	6	7

VERY HARD - 86

1	5	9	6	3	7	4	2	8
6	7	8	5	2	4	3	9	1
4	3	2	1	8	9	5	7	6
8	9	5	7	4	3	6	1	2
3	6	7	9	1	2	8	4	5
2	4	1	8	6	5	7	3	9
5	1	4	2	7	6	9	8	3
7	8	6	3	9	1	2	5	4
9	2	3	4	5	8	1	6	7

VERY HARD - 87

2	1	8	4	7	9	3	6	5
6	5	9	8	2	3	1	7	4
7	3	4	5	6	1	8	2	9
1	7	3	6	9	4	2	5	8
9	8	6	1	5	2	7	4	3
4	2	5	3	8	7	9	1	6
3	9	2	7	4	5	6	8	1
8	4	1	2	3	6	5	9	7
5	6	7	9	1	8	4	3	2

VERY HARD - 88

5	7	1	9	8	4	3	2	6
4	9	6	3	7	2	5	8	1
3	8	2	5	6	1	7	4	9
2	4	5	8	3	9	1	6	7
8	1	9	6	4	7	2	5	3
6	3	7	2	1	5	8	9	4
9	5	3	7	2	6	4	1	8
7	6	4	1	5	8	9	3	2
1	2	8	4	9	3	6	7	5

VERY HARD - 89

4	7	2	8	5	1	3	9	6
9	5	1	7	6	3	8	4	2
8	3	6	4	9	2	1	5	7
1	8	5	6	3	7	9	2	4
6	2	9	5	1	4	7	8	3
3	4	7	9	2	8	6	1	5
2	6	4	1	7	9	5	3	8
7	9	8	3	4	5	2	6	1
5	1	3	2	8	6	4	7	9

VERY HARD - 90

5	4	9	8	2	3	7	6	1
3	2	8	6	7	1	5	9	4
1	6	7	4	5	9	2	8	3
2	7	5	3	9	6	1	4	8
6	1	4	7	8	2	9	3	5
8	9	3	5	1	4	6	2	7
7	5	2	9	3	8	4	1	6
4	3	1	2	6	7	8	5	9
9	8	6	1	4	5	3	7	2

VERY HARD - 91

2	7	5	9	1	3	6	4	8
6	3	8	5	7	4	1	9	2
4	9	1	6	8	2	7	5	3
5	4	9	8	3	7	2	6	1
1	2	3	4	9	6	5	8	7
8	6	7	2	5	1	4	3	9
9	8	4	1	2	5	3	7	6
3	1	6	7	4	9	8	2	5
7	5	2	3	6	8	9	1	4

VERY HARD - 92

6	5	3	4	7	2	8	1	9
7	8	2	9	6	1	3	5	4
4	9	1	5	8	3	2	6	7
5	1	4	3	2	8	7	9	6
3	7	8	6	5	9	4	2	1
2	6	9	7	1	4	5	3	8
9	3	6	8	4	5	1	7	2
8	2	7	1	3	6	9	4	5
1	4	5	2	9	7	6	8	3

VERY HARD - 93

6	3	5	9	1	4	8	2	7
1	2	4	7	6	8	5	9	3
9	7	8	2	3	5	6	1	4
5	8	9	1	4	6	7	3	2
3	4	1	8	2	7	9	6	5
2	6	7	5	9	3	1	4	8
7	9	6	4	8	2	3	5	1
4	5	3	6	7	1	2	8	9
8	1	2	3	5	9	4	7	6

VERY HARD - 94

1	2	7	5	9	6	8	3	4
8	5	4	2	1	3	6	7	9
6	9	3	4	8	7	2	5	1
2	4	9	1	3	5	7	8	6
7	8	5	6	4	9	1	2	3
3	6	1	8	7	2	4	9	5
9	7	8	3	6	1	5	4	2
5	3	6	7	2	4	9	1	8
4	1	2	9	5	8	3	6	7

VERY HARD - 95

7	6	2	4	8	1	5	3	9
1	8	3	2	5	9	6	4	7
5	4	9	7	3	6	2	8	1
6	7	1	3	4	5	9	2	8
9	5	4	1	2	8	3	7	6
3	2	8	9	6	7	4	1	5
8	3	5	6	7	4	1	9	2
2	1	7	5	9	3	8	6	4
4	9	6	8	1	2	7	5	3

VERY HARD - 96

3	9	6	2	5	4	1	8	7
4	2	1	3	7	8	6	9	5
5	8	7	1	6	9	2	4	3
2	1	8	6	9	7	3	5	4
7	5	3	4	1	2	8	6	9
6	4	9	8	3	5	7	1	2
8	3	2	9	4	6	5	7	1
1	7	4	5	8	3	9	2	6
9	6	5	7	2	1	4	3	8

VERY HARD - 97

1	7	6	8	5	9	2	4	3
9	4	2	6	1	3	5	7	8
5	8	3	4	7	2	9	6	1
8	6	9	3	4	1	7	5	2
4	3	7	5	2	6	1	8	9
2	5	1	7	9	8	4	3	6
6	9	4	1	8	5	3	2	7
3	1	5	2	6	7	8	9	4
7	2	8	9	3	4	6	1	5

VERY HARD - 98

8	7	1	6	5	4	2	9	3
4	6	2	3	8	9	1	7	5
5	3	9	2	1	7	6	8	4
9	4	5	8	7	2	3	6	1
7	1	6	5	9	3	4	2	8
3	2	8	4	6	1	7	5	9
2	8	4	7	3	5	9	1	6
6	9	7	1	4	8	5	3	2
1	5	3	9	2	6	8	4	7

VERY HARD - 99

7	9	3	6	5	1	8	4	2
4	1	5	8	3	2	7	6	9
6	8	2	4	7	9	1	3	5
9	2	4	5	1	8	3	7	6
3	5	8	7	4	6	2	9	1
1	6	7	9	2	3	4	5	8
5	3	9	1	8	7	6	2	4
8	7	6	2	9	4	5	1	3
2	4	1	3	6	5	9	8	7

VERY HARD - 100

7	6	3	1	5	9	2	4	8
1	4	8	6	2	3	5	7	9
9	2	5	8	7	4	3	1	6
2	5	1	7	9	6	4	8	3
6	8	9	3	4	5	1	2	7
3	7	4	2	8	1	9	6	5
5	3	7	4	6	2	8	9	1
8	1	2	9	3	7	6	5	4
4	9	6	5	1	8	7	3	2

VERY HARD - 101

1	9	8	7	2	3	5	4	6
4	5	6	9	1	8	3	2	7
2	3	7	4	6	5	1	9	8
3	6	1	5	7	9	4	8	2
9	8	2	3	4	6	7	5	1
7	4	5	1	8	2	6	3	9
8	2	4	6	3	7	9	1	5
6	1	9	2	5	4	8	7	3
5	7	3	8	9	1	2	6	4

VERY HARD - 102

1	4	7	8	3	6	9	2	5
2	6	9	4	7	5	8	1	3
3	5	8	2	1	9	4	7	6
8	2	6	1	9	4	5	3	7
5	7	3	6	2	8	1	9	4
4	9	1	3	5	7	2	6	8
7	1	2	5	4	3	6	8	9
9	8	5	7	6	1	3	4	2
6	3	4	9	8	2	7	5	1

VERY HARD - 103

4	5	3	6	7	1	9	8	2
9	7	1	3	8	2	6	4	5
2	8	6	9	5	4	1	7	3
8	9	4	2	1	6	3	5	7
6	2	5	7	3	8	4	1	9
1	3	7	5	4	9	2	6	8
5	6	8	4	9	3	7	2	1
7	4	9	1	2	5	8	3	6
3	1	2	8	6	7	5	9	4

VERY HARD - 104

5	9	8	2	1	3	4	7	6
6	4	3	8	9	7	5	1	2
1	2	7	6	4	5	9	8	3
4	3	2	9	6	8	1	5	7
9	6	5	4	7	1	3	2	8
8	7	1	5	3	2	6	4	9
7	8	9	3	5	4	2	6	1
3	1	4	7	2	6	8	9	5
2	5	6	1	8	9	7	3	4

VERY HARD - 105

4	5	1	3	7	6	9	2	8
8	9	3	2	4	1	5	6	7
7	2	6	5	8	9	4	3	1
3	8	5	1	6	7	2	9	4
1	4	9	8	5	2	3	7	6
6	7	2	4	9	3	8	1	5
5	1	7	9	2	4	6	8	3
9	3	4	6	1	8	7	5	2
2	6	8	7	3	5	1	4	9

VERY HARD - 106

4	3	7	8	2	5	1	6	9
1	5	2	6	3	9	8	4	7
8	9	6	1	7	4	2	5	3
9	2	4	3	1	7	5	8	6
3	7	1	5	8	6	9	2	4
5	6	8	4	9	2	3	7	1
2	1	3	7	6	8	4	9	5
6	4	9	2	5	1	7	3	8
7	8	5	9	4	3	6	1	2

VERY HARD - 107

9	7	2	3	1	5	6	4	8
3	8	4	6	9	2	1	7	5
5	6	1	7	4	8	9	2	3
7	3	6	2	5	1	8	9	4
4	2	5	8	3	9	7	1	6
8	1	9	4	7	6	5	3	2
6	4	8	9	2	7	3	5	1
2	5	7	1	8	3	4	6	9
1	9	3	5	6	4	2	8	7

VERY HARD - 108

2	8	7	4	9	1	5	6	3
4	1	3	6	5	8	9	7	2
5	6	9	2	3	7	1	8	4
9	4	5	8	6	2	3	1	7
6	3	2	7	1	9	4	5	8
1	7	8	3	4	5	6	2	9
3	2	4	1	7	6	8	9	5
7	5	6	9	8	3	2	4	1
8	9	1	5	2	4	7	3	6

VERY HARD - 109

3	2	5	1	8	6	9	7	4
6	1	8	9	4	7	3	2	5
9	4	7	5	3	2	6	1	8
8	7	1	4	9	5	2	3	6
4	9	2	3	6	1	5	8	7
5	3	6	2	7	8	1	4	9
7	6	3	8	2	9	4	5	1
1	8	4	6	5	3	7	9	2
2	5	9	7	1	4	8	6	3

VERY HARD - 110

2	9	3	4	6	8	7	5	1
7	1	4	2	5	3	8	9	6
6	5	8	9	1	7	2	3	4
1	8	9	7	3	6	5	4	2
3	4	6	1	2	5	9	8	7
5	7	2	8	4	9	1	6	3
9	2	1	3	8	4	6	7	5
4	6	7	5	9	1	3	2	8
8	3	5	6	7	2	4	1	9

VERY HARD - 111

4	3	1	8	2	7	9	5	6
7	2	5	6	9	1	8	4	3
6	9	8	3	4	5	1	7	2
5	4	9	1	7	3	6	2	8
2	6	3	4	8	9	7	1	5
8	1	7	2	5	6	3	9	4
1	5	6	9	3	4	2	8	7
3	8	4	7	1	2	5	6	9
9	7	2	5	6	8	4	3	1

VERY HARD - 112

2	4	9	8	7	1	6	3	5
3	5	8	2	6	9	4	7	1
6	1	7	5	3	4	8	2	9
9	7	2	4	5	6	1	8	3
4	6	3	9	1	8	7	5	2
1	8	5	3	2	7	9	6	4
7	2	4	1	8	3	5	9	6
8	3	1	6	9	5	2	4	7
5	9	6	7	4	2	3	1	8

VERY HARD - 113

9	2	4	6	7	5	8	3	1
6	1	3	9	8	2	4	5	7
5	7	8	1	3	4	2	9	6
7	6	1	2	5	9	3	8	4
3	4	5	8	6	1	9	7	2
8	9	2	7	4	3	6	1	5
4	8	7	5	9	6	1	2	3
1	3	9	4	2	7	5	6	8
2	5	6	3	1	8	7	4	9

VERY HARD - 114

5	9	6	3	2	8	1	4	7
3	7	8	4	5	1	9	2	6
4	2	1	7	9	6	8	3	5
1	5	7	2	6	3	4	9	8
8	4	3	9	7	5	2	6	1
9	6	2	8	1	4	5	7	3
7	8	9	1	3	2	6	5	4
2	1	5	6	4	7	3	8	9
6	3	4	5	8	9	7	1	2

VERY HARD - 115

9	2	1	4	6	3	8	7	5
8	6	5	7	9	2	4	3	1
4	3	7	5	1	8	6	2	9
7	8	4	1	3	9	2	5	6
2	1	9	6	7	5	3	4	8
6	5	3	8	2	4	9	1	7
5	9	8	2	4	1	7	6	3
1	7	2	3	8	6	5	9	4
3	4	6	9	5	7	1	8	2

VERY HARD - 116

9	2	4	8	7	1	5	3	6
1	3	5	6	9	2	8	4	7
8	6	7	3	4	5	9	1	2
3	4	8	2	1	6	7	9	5
2	9	6	7	5	3	4	8	1
7	5	1	4	8	9	2	6	3
4	7	2	1	3	8	6	5	9
5	8	3	9	6	7	1	2	4
6	1	9	5	2	4	3	7	8

VERY HARD - 117

3	8	4	2	5	9	1	7	6
1	6	2	8	7	3	4	9	5
5	7	9	4	1	6	2	8	3
9	1	7	5	3	4	8	6	2
2	4	3	6	8	1	7	5	9
8	5	6	7	9	2	3	1	4
6	2	1	9	4	7	5	3	8
4	3	8	1	6	5	9	2	7
7	9	5	3	2	8	6	4	1

VERY HARD - 118

4	7	9	5	6	1	2	8	3
1	6	8	2	3	9	5	4	7
5	3	2	7	4	8	9	6	1
3	8	7	1	9	4	6	5	2
9	1	6	3	2	5	4	7	8
2	4	5	8	7	6	3	1	9
8	5	3	6	1	2	7	9	4
7	9	1	4	5	3	8	2	6
6	2	4	9	8	7	1	3	5

VERY HARD - 119

5	8	3	6	2	9	7	4	1
4	2	6	1	7	5	9	3	8
7	1	9	8	3	4	6	5	2
2	7	5	9	6	3	8	1	4
6	3	4	2	8	1	5	9	7
1	9	8	4	5	7	2	6	3
3	6	7	5	1	2	4	8	9
9	5	2	3	4	8	1	7	6
8	4	1	7	9	6	3	2	5

VERY HARD - 120

1	4	2	5	6	7	3	8	9
8	7	5	9	3	1	2	6	4
3	9	6	4	2	8	7	5	1
4	2	3	1	9	6	5	7	8
6	5	1	8	7	4	9	3	2
7	8	9	3	5	2	4	1	6
9	3	8	2	1	5	6	4	7
5	6	4	7	8	9	1	2	3
2	1	7	6	4	3	8	9	5

VERY HARD - 121

9	6	8	5	3	1	4	7	2
5	2	3	7	4	6	8	1	9
4	1	7	8	2	9	5	3	6
3	8	5	9	7	2	1	6	4
2	9	4	6	1	8	7	5	3
6	7	1	4	5	3	9	2	8
8	3	2	1	9	7	6	4	5
1	5	6	2	8	4	3	9	7
7	4	9	3	6	5	2	8	1

VERY HARD - 122

3	9	4	5	6	8	7	2	1
7	1	6	2	9	4	5	3	8
5	2	8	1	3	7	6	9	4
2	3	9	6	1	5	4	8	7
4	6	1	7	8	9	3	5	2
8	7	5	3	4	2	1	6	9
1	4	3	9	2	6	8	7	5
6	5	2	8	7	1	9	4	3
9	8	7	4	5	3	2	1	6

VERY HARD - 123

1	3	6	4	7	5	9	2	8
9	7	4	2	1	8	6	3	5
8	5	2	6	3	9	1	7	4
4	6	1	9	5	3	2	8	7
7	2	5	1	8	6	3	4	9
3	9	8	7	4	2	5	1	6
5	4	9	3	2	7	8	6	1
6	1	3	8	9	4	7	5	2
2	8	7	5	6	1	4	9	3

VERY HARD - 124

2	5	9	1	8	7	4	3	6
4	8	1	6	3	5	7	9	2
7	6	3	2	9	4	8	1	5
6	1	8	9	7	2	3	5	4
3	7	2	4	5	6	1	8	9
9	4	5	8	1	3	6	2	7
5	3	6	7	2	8	9	4	1
8	9	7	5	4	1	2	6	3
1	2	4	3	6	9	5	7	8

VERY HARD - 125

6	5	9	3	7	2	1	4	8
2	8	4	9	1	6	7	5	3
3	1	7	4	8	5	9	2	6
4	7	1	2	9	8	3	6	5
8	9	6	5	4	3	2	1	7
5	3	2	7	6	1	8	9	4
9	6	3	8	2	4	5	7	1
1	2	8	6	5	7	4	3	9
7	4	5	1	3	9	6	8	2

VERY HARD - 126

8	4	1	9	5	6	7	3	2
2	6	9	4	3	7	1	8	5
5	7	3	1	2	8	9	4	6
3	1	6	2	8	9	4	5	7
9	2	4	5	7	3	6	1	8
7	8	5	6	1	4	3	2	9
6	3	8	7	4	5	2	9	1
4	9	2	8	6	1	5	7	3
1	5	7	3	9	2	8	6	4

VERY HARD - 127

2	7	9	1	8	5	3	6	4
5	8	3	4	6	9	2	7	1
4	1	6	3	7	2	9	5	8
6	5	1	8	9	3	4	2	7
8	9	7	2	4	6	5	1	3
3	2	4	7	5	1	6	8	9
9	3	8	6	2	7	1	4	5
7	6	5	9	1	4	8	3	2
1	4	2	5	3	8	7	9	6

VERY HARD - 128

6	1	8	7	4	9	2	5	3
9	5	4	3	2	8	6	7	1
7	2	3	6	1	5	8	9	4
2	3	9	5	7	4	1	8	6
8	7	1	9	6	3	4	2	5
5	4	6	2	8	1	7	3	9
3	6	7	1	9	2	5	4	8
1	8	5	4	3	7	9	6	2
4	9	2	8	5	6	3	1	7

VERY HARD - 129

4	8	3	5	1	7	6	9	2
7	5	6	8	2	9	3	4	1
9	2	1	3	4	6	7	8	5
5	7	9	6	3	8	1	2	4
8	3	4	1	5	2	9	6	7
6	1	2	7	9	4	5	3	8
3	6	8	2	7	1	4	5	9
2	9	7	4	6	5	8	1	3
1	4	5	9	8	3	2	7	6

VERY HARD - 130

6	8	3	7	4	5	1	9	2
5	7	9	2	6	1	4	3	8
2	4	1	9	3	8	7	5	6
7	2	6	8	9	4	5	1	3
8	3	4	1	5	6	2	7	9
1	9	5	3	2	7	8	6	4
9	5	8	4	7	3	6	2	1
4	6	2	5	1	9	3	8	7
3	1	7	6	8	2	9	4	5

VERY HARD - 131

5	7	9	1	8	2	4	6	3
4	2	8	6	9	3	5	1	7
1	6	3	7	4	5	2	9	8
8	9	7	2	3	6	1	4	5
2	3	1	4	5	9	8	7	6
6	5	4	8	7	1	3	2	9
9	8	6	5	1	4	7	3	2
7	4	2	3	6	8	9	5	1
3	1	5	9	2	7	6	8	4

VERY HARD - 132

5	9	3	4	6	2	7	8	1
2	6	4	7	8	1	5	9	3
8	7	1	3	5	9	6	2	4
3	5	2	8	1	6	4	7	9
6	8	7	5	9	4	3	1	2
4	1	9	2	3	7	8	6	5
7	3	5	1	2	8	9	4	6
9	2	8	6	4	5	1	3	7
1	4	6	9	7	3	2	5	8

VERY HARD - 133

7	2	4	6	9	3	1	5	8
8	9	1	2	4	5	6	7	3
6	3	5	8	1	7	2	9	4
2	5	8	1	3	4	9	6	7
3	1	9	5	7	6	4	8	2
4	7	6	9	8	2	5	3	1
1	4	7	3	5	9	8	2	6
9	6	3	4	2	8	7	1	5
5	8	2	7	6	1	3	4	9

VERY HARD - 134

4	9	8	7	2	5	6	3	1
1	2	3	9	8	6	4	7	5
7	6	5	1	4	3	2	9	8
6	7	2	3	1	8	5	4	9
5	3	4	2	7	9	1	8	6
9	8	1	6	5	4	3	2	7
8	4	7	5	6	2	9	1	3
2	5	9	8	3	1	7	6	4
3	1	6	4	9	7	8	5	2

VERY HARD - 135

2	8	9	6	1	3	5	7	4
5	6	1	8	7	4	2	9	3
4	3	7	2	5	9	6	8	1
1	4	3	5	9	8	7	6	2
7	9	5	1	2	6	4	3	8
6	2	8	4	3	7	1	5	9
3	1	2	7	8	5	9	4	6
8	7	6	9	4	1	3	2	5
9	5	4	3	6	2	8	1	7

VERY HARD - 136

4	7	1	9	8	2	6	3	5
9	3	6	4	7	5	8	1	2
8	5	2	1	3	6	4	7	9
3	2	7	5	6	4	9	8	1
6	9	5	3	1	8	7	2	4
1	4	8	7	2	9	3	5	6
5	6	3	2	4	7	1	9	8
2	1	4	8	9	3	5	6	7
7	8	9	6	5	1	2	4	3

VERY HARD - 137

3	9	5	1	7	8	4	6	2
4	2	7	6	5	9	3	1	8
6	8	1	2	4	3	5	7	9
5	6	8	4	3	7	9	2	1
2	1	3	9	6	5	8	4	7
9	7	4	8	1	2	6	3	5
1	5	2	3	8	4	7	9	6
8	3	9	7	2	6	1	5	4
7	4	6	5	9	1	2	8	3

VERY HARD - 138

2	8	5	9	4	1	7	6	3
9	1	6	2	7	3	4	8	5
3	4	7	6	5	8	2	9	1
7	9	1	5	6	2	3	4	8
6	2	3	8	9	4	5	1	7
4	5	8	3	1	7	9	2	6
8	6	9	4	3	5	1	7	2
1	3	4	7	2	6	8	5	9
5	7	2	1	8	9	6	3	4

VERY HARD - 139

3	9	6	5	1	2	4	7	8
2	8	5	7	4	9	1	6	3
1	7	4	6	8	3	9	5	2
8	5	7	3	2	4	6	9	1
9	1	3	8	5	6	2	4	7
6	4	2	9	7	1	3	8	5
4	3	8	1	6	5	7	2	9
5	6	1	2	9	7	8	3	4
7	2	9	4	3	8	5	1	6

VERY HARD - 140

2	7	6	4	9	3	8	1	5
8	4	3	5	1	2	9	6	7
1	5	9	7	8	6	2	3	4
7	9	5	6	4	8	3	2	1
3	6	2	9	5	1	4	7	8
4	1	8	2	3	7	6	5	9
9	8	7	3	2	5	1	4	6
6	3	1	8	7	4	5	9	2
5	2	4	1	6	9	7	8	3

VERY HARD - 141

8	3	7	1	6	2	5	4	9
9	6	4	5	3	7	1	8	2
1	2	5	4	9	8	7	6	3
2	1	9	8	7	4	3	5	6
4	7	8	3	5	6	2	9	1
6	5	3	9	2	1	4	7	8
5	8	6	2	4	3	9	1	7
7	4	2	6	1	9	8	3	5
3	9	1	7	8	5	6	2	4

VERY HARD - 142

2	1	3	7	6	9	5	8	4
8	5	7	4	2	3	1	9	6
4	6	9	8	1	5	3	7	2
6	9	8	5	3	2	7	4	1
1	3	4	9	7	8	6	2	5
7	2	5	6	4	1	9	3	8
5	8	2	1	9	7	4	6	3
9	4	1	3	8	6	2	5	7
3	7	6	2	5	4	8	1	9

VERY HARD - 143

9	3	8	4	2	6	5	1	7
1	5	7	3	9	8	2	6	4
2	4	6	5	7	1	9	8	3
4	7	1	2	6	5	3	9	8
8	6	5	9	3	4	7	2	1
3	2	9	8	1	7	6	4	5
5	9	3	1	4	2	8	7	6
6	8	4	7	5	9	1	3	2
7	1	2	6	8	3	4	5	9

VERY HARD - 144

2	1	7	9	6	5	4	8	3
3	5	8	4	2	7	1	6	9
9	6	4	3	8	1	2	5	7
4	2	1	6	7	3	5	9	8
8	3	6	5	9	4	7	1	2
7	9	5	2	1	8	6	3	4
1	8	3	7	4	6	9	2	5
6	7	9	8	5	2	3	4	1
5	4	2	1	3	9	8	7	6

VERY HARD - 145

6	7	3	4	1	8	2	9	5
8	9	5	2	3	6	1	7	4
4	2	1	9	5	7	8	3	6
7	1	8	5	2	9	6	4	3
2	6	9	3	8	4	7	5	1
3	5	4	6	7	1	9	2	8
5	8	7	1	9	3	4	6	2
1	3	6	7	4	2	5	8	9
9	4	2	8	6	5	3	1	7

VERY HARD - 146

4	1	3	6	8	2	7	9	5
6	5	2	9	1	7	3	4	8
9	7	8	4	5	3	2	1	6
3	6	7	5	9	1	4	8	2
8	4	1	2	7	6	5	3	9
2	9	5	8	3	4	6	7	1
5	3	6	1	4	9	8	2	7
7	2	9	3	6	8	1	5	4
1	8	4	7	2	5	9	6	3

VERY HARD - 147

2	6	9	8	1	3	4	5	7
7	8	5	4	9	6	1	2	3
4	1	3	7	2	5	8	6	9
8	3	7	9	6	2	5	4	1
1	9	4	5	3	8	2	7	6
6	5	2	1	7	4	9	3	8
3	7	8	2	5	9	6	1	4
9	2	6	3	4	1	7	8	5
5	4	1	6	8	7	3	9	2

VERY HARD - 148

8	4	2	3	7	9	6	1	5
1	7	6	5	4	8	9	2	3
5	3	9	1	2	6	8	7	4
3	6	8	4	1	7	2	5	9
2	5	1	6	9	3	7	4	8
7	9	4	2	8	5	1	3	6
6	2	7	9	3	4	5	8	1
9	1	3	8	5	2	4	6	7
4	8	5	7	6	1	3	9	2

VERY HARD - 149

2	7	6	1	4	3	9	8	5
9	4	5	2	6	8	7	3	1
3	1	8	9	7	5	2	4	6
8	2	1	6	3	9	5	7	4
7	3	9	4	5	2	6	1	8
5	6	4	7	8	1	3	9	2
1	9	3	8	2	6	4	5	7
4	5	2	3	1	7	8	6	9
6	8	7	5	9	4	1	2	3

VERY HARD - 150

5	2	8	6	4	3	7	1	9
3	9	6	1	2	7	8	5	4
7	4	1	8	9	5	2	3	6
8	3	5	2	6	1	4	9	7
6	1	9	7	3	4	5	8	2
4	7	2	5	8	9	3	6	1
1	8	7	9	5	2	6	4	3
9	6	4	3	7	8	1	2	5
2	5	3	4	1	6	9	7	8

VERY HARD - 151

1	5	7	9	3	2	6	4	8
2	3	9	8	4	6	5	1	7
4	6	8	1	7	5	9	2	3
9	4	6	7	5	3	2	8	1
7	1	3	6	2	8	4	5	9
8	2	5	4	1	9	3	7	6
5	9	2	3	8	1	7	6	4
3	8	4	5	6	7	1	9	2
6	7	1	2	9	4	8	3	5

VERY HARD - 152

5	7	3	8	1	2	9	4	6
9	4	1	6	3	7	5	8	2
8	6	2	9	5	4	1	7	3
3	8	7	4	6	5	2	9	1
6	1	9	3	2	8	4	5	7
4	2	5	1	7	9	3	6	8
1	9	6	5	8	3	7	2	4
2	5	8	7	4	1	6	3	9
7	3	4	2	9	6	8	1	5

VERY HARD - 153

2	7	5	1	4	6	3	8	9
1	3	9	2	8	5	6	4	7
8	4	6	3	7	9	2	5	1
7	2	4	8	5	3	1	9	6
6	9	1	7	2	4	8	3	5
5	8	3	6	9	1	7	2	4
4	6	8	9	3	7	5	1	2
3	5	7	4	1	2	9	6	8
9	1	2	5	6	8	4	7	3

VERY HARD - 154

1	4	7	2	3	9	5	6	8
5	6	9	8	7	4	1	3	2
8	2	3	1	5	6	7	9	4
2	3	4	5	6	7	8	1	9
7	1	6	9	4	8	3	2	5
9	8	5	3	2	1	4	7	6
4	9	1	7	8	2	6	5	3
3	7	8	6	9	5	2	4	1
6	5	2	4	1	3	9	8	7

VERY HARD - 155

6	4	8	1	2	3	5	9	7
3	1	7	5	9	8	4	6	2
5	2	9	4	6	7	8	3	1
2	3	4	6	8	5	7	1	9
7	9	6	3	4	1	2	5	8
8	5	1	2	7	9	3	4	6
4	6	5	7	1	2	9	8	3
1	8	2	9	3	4	6	7	5
9	7	3	8	5	6	1	2	4

VERY HARD - 156

9	6	1	8	5	7	2	3	4
7	3	5	4	2	9	1	6	8
2	4	8	3	6	1	7	9	5
8	7	6	2	9	3	5	4	1
1	5	3	6	8	4	9	7	2
4	9	2	1	7	5	3	8	6
5	1	4	7	3	8	6	2	9
6	8	7	9	1	2	4	5	3
3	2	9	5	4	6	8	1	7

VERY HARD - 157

5	7	2	3	6	4	1	8	9
8	9	4	5	2	1	6	7	3
3	1	6	7	8	9	5	4	2
7	4	3	6	9	5	2	1	8
9	2	8	4	1	7	3	6	5
6	5	1	2	3	8	4	9	7
2	3	7	9	4	6	8	5	1
1	6	9	8	5	3	7	2	4
4	8	5	1	7	2	9	3	6

VERY HARD - 158

8	5	3	1	2	7	9	4	6
7	2	1	9	4	6	3	5	8
4	6	9	5	8	3	7	1	2
3	8	2	4	7	9	5	6	1
9	7	6	8	1	5	2	3	4
5	1	4	6	3	2	8	9	7
2	4	5	3	6	8	1	7	9
1	3	7	2	9	4	6	8	5
6	9	8	7	5	1	4	2	3

VERY HARD - 159

5	7	2	9	3	1	6	8	4
6	3	8	2	7	4	5	1	9
9	1	4	6	5	8	2	7	3
2	5	1	8	9	7	4	3	6
3	9	6	4	1	5	7	2	8
8	4	7	3	6	2	9	5	1
1	6	5	7	8	9	3	4	2
4	8	3	5	2	6	1	9	7
7	2	9	1	4	3	8	6	5

VERY HARD - 160

9	2	8	1	3	4	7	5	6
4	1	3	5	6	7	8	2	9
6	7	5	8	9	2	4	1	3
5	6	9	3	4	1	2	7	8
1	8	7	9	2	5	6	3	4
3	4	2	6	7	8	5	9	1
8	3	1	7	5	6	9	4	2
7	9	4	2	8	3	1	6	5
2	5	6	4	1	9	3	8	7

VERY HARD - 161

6	4	2	9	3	1	7	5	8
1	5	9	7	8	6	4	2	3
8	7	3	2	4	5	1	9	6
2	6	7	4	9	3	5	8	1
9	1	4	8	5	2	6	3	7
3	8	5	6	1	7	2	4	9
4	3	1	5	6	8	9	7	2
7	9	8	1	2	4	3	6	5
5	2	6	3	7	9	8	1	4

VERY HARD - 162

1	4	5	2	8	9	3	6	7
8	3	2	6	7	1	9	4	5
7	9	6	5	3	4	2	1	8
9	5	1	4	2	7	8	3	6
2	8	4	1	6	3	5	7	9
3	6	7	8	9	5	4	2	1
6	2	3	9	1	8	7	5	4
5	1	9	7	4	2	6	8	3
4	7	8	3	5	6	1	9	2

VERY HARD - 163

9	2	3	7	5	6	8	1	4
6	5	8	9	1	4	2	3	7
4	1	7	3	2	8	9	5	6
1	7	6	5	3	9	4	2	8
3	9	4	8	7	2	1	6	5
5	8	2	6	4	1	7	9	3
8	3	1	4	9	5	6	7	2
7	6	9	2	8	3	5	4	1
2	4	5	1	6	7	3	8	9

VERY HARD - 164

4	5	9	6	7	2	1	8	3
7	6	8	1	9	3	4	5	2
1	2	3	8	5	4	6	7	9
8	4	2	5	3	1	9	6	7
5	7	6	4	8	9	3	2	1
3	9	1	7	2	6	8	4	5
6	3	5	9	4	7	2	1	8
9	1	7	2	6	8	5	3	4
2	8	4	3	1	5	7	9	6

VERY HARD - 165

3	5	6	9	7	2	1	4	8
1	4	9	5	6	8	2	3	7
8	2	7	3	1	4	6	5	9
5	1	8	6	2	3	7	9	4
2	9	4	7	5	1	3	8	6
7	6	3	8	4	9	5	1	2
9	7	5	1	8	6	4	2	3
6	3	2	4	9	5	8	7	1
4	8	1	2	3	7	9	6	5

VERY HARD - 166

6	3	8	1	4	9	7	5	2
2	9	1	7	3	5	6	8	4
4	5	7	2	8	6	1	9	3
3	4	9	8	5	1	2	7	6
7	1	6	9	2	4	8	3	5
5	8	2	6	7	3	9	4	1
9	2	3	4	6	8	5	1	7
8	6	4	5	1	7	3	2	9
1	7	5	3	9	2	4	6	8

VERY HARD - 167

2	6	8	7	5	4	3	1	9
3	4	1	2	8	9	5	7	6
5	9	7	1	3	6	8	2	4
7	2	4	5	1	3	6	9	8
8	3	5	6	9	2	1	4	7
6	1	9	4	7	8	2	5	3
4	8	3	9	2	1	7	6	5
1	5	6	3	4	7	9	8	2
9	7	2	8	6	5	4	3	1

VERY HARD - 168

3	4	5	2	6	1	9	7	8
6	8	7	5	9	3	2	1	4
9	1	2	7	4	8	5	3	6
7	3	6	4	1	2	8	9	5
1	2	9	8	5	6	3	4	7
4	5	8	3	7	9	6	2	1
5	9	3	1	8	4	7	6	2
2	7	4	6	3	5	1	8	9
8	6	1	9	2	7	4	5	3

VERY HARD - 169

5	3	2	9	4	1	7	6	8
1	8	6	7	3	5	9	4	2
4	7	9	2	8	6	5	3	1
2	6	3	1	5	4	8	7	9
9	4	1	8	7	2	6	5	3
8	5	7	3	6	9	1	2	4
6	2	8	5	1	3	4	9	7
7	9	4	6	2	8	3	1	5
3	1	5	4	9	7	2	8	6

VERY HARD - 170

8	7	5	2	6	1	9	4	3
9	1	6	7	3	4	8	2	5
2	3	4	9	5	8	7	1	6
3	6	9	4	8	2	5	7	1
7	4	8	6	1	5	3	9	2
5	2	1	3	7	9	6	8	4
6	8	2	5	4	7	1	3	9
1	9	3	8	2	6	4	5	7
4	5	7	1	9	3	2	6	8

VERY HARD - 171

9	2	5	6	1	7	3	8	4
3	4	8	2	9	5	7	6	1
6	1	7	4	3	8	2	5	9
4	6	3	7	8	1	5	9	2
7	9	2	5	4	6	8	1	3
8	5	1	9	2	3	4	7	6
2	8	6	3	5	9	1	4	7
1	7	4	8	6	2	9	3	5
5	3	9	1	7	4	6	2	8

VERY HARD - 172

9	1	5	3	4	6	7	8	2
4	8	6	1	2	7	5	3	9
3	7	2	5	8	9	4	1	6
7	3	9	2	5	4	1	6	8
5	2	1	6	3	8	9	7	4
6	4	8	7	9	1	2	5	3
2	6	3	4	1	5	8	9	7
1	9	7	8	6	2	3	4	5
8	5	4	9	7	3	6	2	1

VERY HARD - 173

1	5	7	4	8	6	2	3	9
9	3	6	5	7	2	1	8	4
4	2	8	3	1	9	5	7	6
3	4	2	8	9	5	7	6	1
7	9	5	6	4	1	3	2	8
8	6	1	7	2	3	4	9	5
2	1	4	9	3	8	6	5	7
6	7	9	2	5	4	8	1	3
5	8	3	1	6	7	9	4	2

VERY HARD - 174

4	1	7	9	3	8	5	2	6
5	6	3	7	2	1	8	4	9
2	9	8	5	4	6	7	3	1
6	3	1	4	5	7	9	8	2
7	5	4	2	8	9	6	1	3
9	8	2	1	6	3	4	5	7
1	2	6	8	7	5	3	9	4
8	7	9	3	1	4	2	6	5
3	4	5	6	9	2	1	7	8

VERY HARD - 175

4	3	1	7	5	6	2	9	8
9	2	7	3	8	4	6	1	5
8	6	5	9	1	2	3	7	4
5	8	6	4	3	7	9	2	1
1	9	2	8	6	5	4	3	7
3	7	4	2	9	1	8	5	6
2	4	8	1	7	3	5	6	9
6	1	9	5	2	8	7	4	3
7	5	3	6	4	9	1	8	2

VERY HARD - 176

1	8	4	7	2	9	3	5	6
5	3	2	1	8	6	4	7	9
7	6	9	5	3	4	1	8	2
9	2	5	8	7	3	6	4	1
3	7	6	4	9	1	8	2	5
8	4	1	2	6	5	7	9	3
2	9	8	6	1	7	5	3	4
6	5	7	3	4	2	9	1	8
4	1	3	9	5	8	2	6	7

VERY HARD - 177

4	9	1	2	6	8	7	5	3
8	7	3	9	1	5	4	2	6
2	6	5	3	7	4	9	8	1
7	2	6	1	4	9	5	3	8
1	8	4	5	3	7	6	9	2
5	3	9	8	2	6	1	7	4
6	4	8	7	5	2	3	1	9
9	1	7	4	8	3	2	6	5
3	5	2	6	9	1	8	4	7

VERY HARD - 178

3	4	2	7	1	9	6	8	5
7	8	1	5	6	2	4	3	9
6	5	9	8	4	3	7	2	1
5	6	4	3	2	7	1	9	8
8	9	3	6	5	1	2	4	7
2	1	7	4	9	8	3	5	6
4	7	5	9	3	6	8	1	2
1	3	8	2	7	5	9	6	4
9	2	6	1	8	4	5	7	3

VERY HARD - 179

4	2	1	7	8	5	9	3	6
7	9	6	4	3	1	2	5	8
3	5	8	2	6	9	4	7	1
9	1	4	6	5	2	3	8	7
8	3	7	1	9	4	5	6	2
5	6	2	8	7	3	1	4	9
1	8	9	3	4	7	6	2	5
6	4	5	9	2	8	7	1	3
2	7	3	5	1	6	8	9	4

VERY HARD - 180

8	1	9	3	5	4	2	7	6
3	7	4	9	2	6	8	5	1
2	6	5	7	8	1	4	9	3
4	5	6	8	7	9	3	1	2
7	3	2	1	6	5	9	4	8
9	8	1	2	4	3	7	6	5
1	4	7	5	3	8	6	2	9
5	2	8	6	9	7	1	3	4
6	9	3	4	1	2	5	8	7

VERY HARD - 181

9	3	8	5	6	7	4	1	2
1	2	6	3	4	9	5	7	8
4	5	7	2	8	1	6	3	9
6	8	1	7	5	4	9	2	3
5	4	2	9	3	8	1	6	7
7	9	3	1	2	6	8	4	5
3	7	4	8	1	5	2	9	6
2	6	5	4	9	3	7	8	1
8	1	9	6	7	2	3	5	4

VERY HARD - 182

3	2	6	8	4	1	5	7	9
7	5	1	6	3	9	2	4	8
8	9	4	2	5	7	6	3	1
4	6	5	1	8	3	7	9	2
9	1	7	5	2	6	4	8	3
2	3	8	7	9	4	1	5	6
1	8	3	4	6	5	9	2	7
6	4	9	3	7	2	8	1	5
5	7	2	9	1	8	3	6	4

VERY HARD - 183

6	8	9	5	3	1	4	2	7
7	5	2	8	6	4	1	3	9
1	3	4	7	9	2	5	8	6
9	2	6	1	4	7	8	5	3
5	4	3	2	8	6	9	7	1
8	7	1	3	5	9	2	6	4
4	1	5	6	7	8	3	9	2
3	9	7	4	2	5	6	1	8
2	6	8	9	1	3	7	4	5

VERY HARD - 184

5	2	4	8	6	9	7	3	1
1	8	6	3	4	7	2	5	9
7	3	9	5	1	2	8	6	4
3	9	8	1	2	5	4	7	6
2	4	5	6	7	8	1	9	3
6	7	1	4	9	3	5	2	8
4	1	7	2	3	6	9	8	5
9	5	3	7	8	4	6	1	2
8	6	2	9	5	1	3	4	7

VERY HARD - 185

2	7	9	5	4	1	8	6	3
6	5	4	8	3	2	1	9	7
3	1	8	9	7	6	5	4	2
4	2	5	6	8	3	9	7	1
8	9	7	1	2	5	4	3	6
1	6	3	4	9	7	2	8	5
7	8	2	3	5	9	6	1	4
9	3	1	2	6	4	7	5	8
5	4	6	7	1	8	3	2	9

VERY HARD - 186

7	2	1	8	5	9	3	4	6
6	5	4	1	7	3	8	9	2
3	9	8	2	6	4	5	1	7
9	7	3	4	2	8	1	6	5
4	1	6	7	3	5	2	8	9
2	8	5	9	1	6	7	3	4
8	4	7	3	9	2	6	5	1
1	6	9	5	8	7	4	2	3
5	3	2	6	4	1	9	7	8

VERY HARD - 187

3	5	2	6	4	7	1	9	8
4	7	8	1	3	9	5	2	6
1	6	9	8	2	5	7	3	4
8	1	4	2	7	6	3	5	9
5	9	7	4	8	3	6	1	2
6	2	3	5	9	1	4	8	7
9	4	5	3	6	2	8	7	1
2	3	6	7	1	8	9	4	5
7	8	1	9	5	4	2	6	3

VERY HARD - 188

4	5	3	8	6	7	1	2	9
6	1	7	2	5	9	3	8	4
8	9	2	1	4	3	5	7	6
1	7	4	9	3	8	2	6	5
3	6	8	7	2	5	4	9	1
5	2	9	4	1	6	7	3	8
7	3	5	6	9	1	8	4	2
9	4	1	3	8	2	6	5	7
2	8	6	5	7	4	9	1	3

VERY HARD - 189

3	7	8	2	5	4	9	1	6
5	4	6	1	3	9	7	2	8
1	2	9	6	8	7	3	5	4
6	9	5	8	7	1	4	3	2
8	3	2	9	4	6	5	7	1
4	1	7	5	2	3	8	6	9
9	5	3	4	6	2	1	8	7
2	8	1	7	9	5	6	4	3
7	6	4	3	1	8	2	9	5

VERY HARD - 190

7	6	4	5	9	8	1	3	2
5	8	2	3	6	1	9	7	4
9	1	3	2	7	4	6	5	8
4	9	5	1	2	3	7	8	6
3	7	1	6	8	9	4	2	5
8	2	6	7	4	5	3	9	1
2	5	9	4	3	6	8	1	7
1	4	8	9	5	7	2	6	3
6	3	7	8	1	2	5	4	9

VERY HARD - 191

1	6	5	8	9	3	7	2	4
7	2	3	6	5	4	9	8	1
4	9	8	7	2	1	3	5	6
5	3	1	4	7	8	2	6	9
9	8	6	5	3	2	4	1	7
2	4	7	1	6	9	8	3	5
8	5	9	2	1	7	6	4	3
6	7	2	3	4	5	1	9	8
3	1	4	9	8	6	5	7	2

VERY HARD - 192

5	8	9	1	6	4	3	2	7
2	6	4	9	7	3	5	8	1
7	3	1	5	2	8	4	9	6
3	9	8	6	4	1	7	5	2
1	4	2	7	5	9	6	3	8
6	5	7	3	8	2	9	1	4
8	1	6	4	3	5	2	7	9
4	2	3	8	9	7	1	6	5
9	7	5	2	1	6	8	4	3

VERY HARD - 193

9	5	4	3	2	8	7	6	1
8	6	1	7	9	5	4	2	3
7	2	3	6	1	4	9	5	8
1	7	6	9	5	3	8	4	2
2	3	9	8	4	6	1	7	5
5	4	8	1	7	2	6	3	9
4	1	5	2	8	7	3	9	6
6	8	2	4	3	9	5	1	7
3	9	7	5	6	1	2	8	4

VERY HARD - 194

5	2	9	3	7	4	6	1	8
8	1	7	6	2	9	3	4	5
4	3	6	5	1	8	9	7	2
2	8	5	1	3	6	4	9	7
1	6	4	8	9	7	5	2	3
9	7	3	2	4	5	8	6	1
6	9	8	7	5	1	2	3	4
7	5	2	4	6	3	1	8	9
3	4	1	9	8	2	7	5	6

VERY HARD - 195

2	5	8	9	7	4	6	3	1
9	3	7	1	2	6	5	4	8
1	4	6	8	3	5	2	9	7
7	6	2	5	8	9	3	1	4
4	1	9	3	6	2	8	7	5
3	8	5	7	4	1	9	6	2
6	2	1	4	9	8	7	5	3
8	7	4	6	5	3	1	2	9
5	9	3	2	1	7	4	8	6

VERY HARD - 196

5	9	3	7	6	4	1	8	2
6	2	4	1	8	3	7	5	9
1	7	8	9	2	5	3	4	6
7	3	1	2	5	6	8	9	4
2	5	9	4	1	8	6	3	7
8	4	6	3	7	9	5	2	1
9	8	2	6	3	1	4	7	5
3	1	7	5	4	2	9	6	8
4	6	5	8	9	7	2	1	3

VERY HARD - 197

2	9	7	1	8	6	4	3	5
5	1	8	7	3	4	9	2	6
6	4	3	9	5	2	7	8	1
4	8	6	5	7	3	1	9	2
1	2	9	6	4	8	5	7	3
7	3	5	2	9	1	8	6	4
8	7	2	4	6	5	3	1	9
9	5	1	3	2	7	6	4	8
3	6	4	8	1	9	2	5	7

VERY HARD - 198

9	2	6	5	8	4	3	7	1
1	5	4	3	2	7	6	9	8
3	8	7	6	9	1	5	2	4
8	6	3	9	4	2	7	1	5
7	1	9	8	3	5	2	4	6
2	4	5	7	1	6	8	3	9
5	9	1	2	6	3	4	8	7
6	3	8	4	7	9	1	5	2
4	7	2	1	5	8	9	6	3

VERY HARD - 199

8	1	2	6	7	4	3	9	5
7	4	5	1	9	3	8	2	6
3	6	9	2	8	5	1	4	7
6	5	4	8	2	7	9	3	1
2	9	7	5	3	1	4	6	8
1	8	3	9	4	6	7	5	2
4	2	6	3	1	8	5	7	9
5	7	8	4	6	9	2	1	3
9	3	1	7	5	2	6	8	4

VERY HARD - 200

8	1	6	2	7	9	4	3	5
7	2	4	1	5	3	9	8	6
9	5	3	6	8	4	7	2	1
1	9	7	5	2	8	3	6	4
5	3	8	9	4	6	2	1	7
6	4	2	7	3	1	5	9	8
4	8	5	3	1	2	6	7	9
3	6	1	4	9	7	8	5	2
2	7	9	8	6	5	1	4	3

EXTREME - 1

1	4	9	8	6	5	7	2	3
3	8	2	9	7	4	5	6	1
5	7	6	3	1	2	8	4	9
2	3	7	1	8	9	6	5	4
9	1	5	6	4	7	2	3	8
8	6	4	2	5	3	9	1	7
7	9	1	4	2	6	3	8	5
6	5	8	7	3	1	4	9	2
4	2	3	5	9	8	1	7	6

EXTREME - 2

9	1	6	5	2	7	3	8	4
7	2	3	8	4	1	9	6	5
8	4	5	3	9	6	7	2	1
6	5	9	1	3	4	8	7	2
4	8	7	2	6	5	1	9	3
1	3	2	9	7	8	5	4	6
2	9	1	4	8	3	6	5	7
5	6	4	7	1	9	2	3	8
3	7	8	6	5	2	4	1	9

EXTREME - 3

5	9	2	8	6	4	3	1	7
7	1	4	3	9	5	6	8	2
6	3	8	7	1	2	5	9	4
3	8	1	6	5	7	4	2	9
9	7	6	2	4	1	8	3	5
2	4	5	9	3	8	1	7	6
1	5	9	4	2	3	7	6	8
4	6	7	1	8	9	2	5	3
8	2	3	5	7	6	9	4	1

EXTREME - 4

3	8	6	2	1	7	9	5	4
4	7	2	5	6	9	3	1	8
9	1	5	8	4	3	6	2	7
6	3	8	4	7	1	5	9	2
2	9	4	3	5	6	8	7	1
7	5	1	9	2	8	4	6	3
5	2	7	6	3	4	1	8	9
8	6	3	1	9	2	7	4	5
1	4	9	7	8	5	2	3	6

EXTREME - 5

6	1	3	9	7	8	4	5	2
9	8	2	6	4	5	7	3	1
5	7	4	1	2	3	9	8	6
7	4	1	8	6	9	3	2	5
3	9	8	2	5	7	6	1	4
2	5	6	4	3	1	8	9	7
1	2	7	3	9	4	5	6	8
4	6	9	5	8	2	1	7	3
8	3	5	7	1	6	2	4	9

EXTREME - 6

7	4	2	9	6	5	8	1	3
3	5	6	1	8	2	7	9	4
9	1	8	3	7	4	2	5	6
1	7	3	5	2	6	9	4	8
8	2	9	7	4	1	3	6	5
5	6	4	8	3	9	1	2	7
6	8	1	4	9	7	5	3	2
2	9	7	6	5	3	4	8	1
4	3	5	2	1	8	6	7	9

EXTREME - 7

9	7	6	3	1	4	5	8	2
5	2	8	7	9	6	4	1	3
3	1	4	2	8	5	6	7	9
7	3	2	8	6	1	9	4	5
6	4	5	9	3	7	8	2	1
8	9	1	4	5	2	3	6	7
1	5	9	6	7	8	2	3	4
4	6	3	1	2	9	7	5	8
2	8	7	5	4	3	1	9	6

EXTREME - 8

5	8	2	4	6	3	1	7	9
9	4	3	8	1	7	5	2	6
7	6	1	2	9	5	8	3	4
2	5	6	9	3	1	7	4	8
8	1	4	7	5	2	6	9	3
3	9	7	6	8	4	2	1	5
6	3	8	1	7	9	4	5	2
4	7	5	3	2	8	9	6	1
1	2	9	5	4	6	3	8	7

EXTREME - 9

2	8	3	4	5	6	9	7	1
7	9	6	3	1	2	8	4	5
4	5	1	7	8	9	2	3	6
5	3	4	1	6	8	7	9	2
1	7	9	5	2	4	3	6	8
6	2	8	9	7	3	5	1	4
9	1	2	6	3	5	4	8	7
8	4	7	2	9	1	6	5	3
3	6	5	8	4	7	1	2	9

EXTREME - 10

3	4	2	7	1	8	5	9	6
7	5	6	9	2	3	1	4	8
1	9	8	6	4	5	2	7	3
6	1	7	8	5	9	4	3	2
9	2	4	3	6	1	8	5	7
5	8	3	4	7	2	6	1	9
4	6	5	2	3	7	9	8	1
2	7	9	1	8	4	3	6	5
8	3	1	5	9	6	7	2	4

EXTREME - 11

5	4	1	7	2	3	9	6	8
7	9	6	8	1	5	4	2	3
2	8	3	9	4	6	5	7	1
3	2	9	5	6	1	7	8	4
6	7	4	2	9	8	3	1	5
1	5	8	4	3	7	2	9	6
8	6	2	3	5	9	1	4	7
4	3	7	1	8	2	6	5	9
9	1	5	6	7	4	8	3	2

EXTREME - 12

8	6	5	9	3	7	1	4	2
3	2	7	6	1	4	8	9	5
4	9	1	2	5	8	7	3	6
9	1	8	7	2	5	3	6	4
2	3	6	4	9	1	5	8	7
7	5	4	8	6	3	9	2	1
1	7	9	3	4	6	2	5	8
6	8	3	5	7	2	4	1	9
5	4	2	1	8	9	6	7	3

EXTREME - 13

6	4	1	9	2	8	3	7	5
9	2	7	5	3	4	8	1	6
3	5	8	6	7	1	2	4	9
2	9	6	4	5	3	7	8	1
8	7	3	1	9	2	6	5	4
4	1	5	7	8	6	9	3	2
1	8	4	3	6	9	5	2	7
5	3	9	2	4	7	1	6	8
7	6	2	8	1	5	4	9	3

EXTREME - 14

2	7	6	3	1	4	9	5	8
3	8	5	7	9	2	6	1	4
1	4	9	5	8	6	7	3	2
6	1	2	8	5	7	4	9	3
7	9	3	2	4	1	5	8	6
4	5	8	9	6	3	2	7	1
9	3	1	6	2	5	8	4	7
5	2	4	1	7	8	3	6	9
8	6	7	4	3	9	1	2	5

EXTREME - 15

6	2	1	4	3	7	8	5	9
8	3	7	5	9	1	4	6	2
9	5	4	6	8	2	7	3	1
1	7	6	8	5	3	9	2	4
2	4	9	7	1	6	5	8	3
3	8	5	2	4	9	1	7	6
4	6	8	9	2	5	3	1	7
7	9	3	1	6	8	2	4	5
5	1	2	3	7	4	6	9	8

EXTREME - 16

6	5	8	4	1	2	3	7	9
1	4	9	3	7	5	2	8	6
7	3	2	8	9	6	5	4	1
2	9	1	6	8	3	4	5	7
3	6	5	9	4	7	8	1	2
8	7	4	5	2	1	9	6	3
9	8	3	7	6	4	1	2	5
5	1	6	2	3	8	7	9	4
4	2	7	1	5	9	6	3	8

EXTREME - 17

9	8	5	2	4	7	1	3	6
6	2	7	1	5	3	9	8	4
1	4	3	6	8	9	5	2	7
7	1	8	5	2	6	3	4	9
5	3	4	8	9	1	6	7	2
2	9	6	3	7	4	8	1	5
4	7	1	9	3	5	2	6	8
3	5	2	7	6	8	4	9	1
8	6	9	4	1	2	7	5	3

EXTREME - 18

4	9	7	1	6	3	2	8	5
1	8	6	2	5	7	9	3	4
5	2	3	8	9	4	6	7	1
3	7	9	6	4	1	5	2	8
2	1	5	7	3	8	4	9	6
6	4	8	9	2	5	7	1	3
9	5	1	4	8	2	3	6	7
7	6	4	3	1	9	8	5	2
8	3	2	5	7	6	1	4	9

EXTREME - 19

2	6	9	7	5	1	3	8	4
1	4	5	2	8	3	6	9	7
8	7	3	9	4	6	2	5	1
3	1	7	5	6	2	9	4	8
4	2	6	8	7	9	5	1	3
9	5	8	1	3	4	7	6	2
5	3	4	6	2	8	1	7	9
7	9	2	4	1	5	8	3	6
6	8	1	3	9	7	4	2	5

EXTREME - 20

4	8	6	7	1	3	2	5	9
3	1	9	2	5	8	4	6	7
7	5	2	6	4	9	1	3	8
1	7	8	4	2	6	3	9	5
2	9	5	3	8	7	6	1	4
6	4	3	1	9	5	7	8	2
5	6	1	9	7	4	8	2	3
8	2	7	5	3	1	9	4	6
9	3	4	8	6	2	5	7	1

EXTREME - 21

5	4	6	7	1	2	8	9	3
9	3	8	6	4	5	1	7	2
1	2	7	9	8	3	4	6	5
8	7	5	3	9	1	6	2	4
4	9	3	2	6	7	5	1	8
6	1	2	8	5	4	9	3	7
2	8	9	4	7	6	3	5	1
7	6	1	5	3	8	2	4	9
3	5	4	1	2	9	7	8	6

EXTREME - 22

1	5	6	2	3	9	8	4	7
4	8	2	1	7	6	9	5	3
3	7	9	8	4	5	6	1	2
2	1	5	6	9	3	7	8	4
7	3	4	5	2	8	1	9	6
9	6	8	7	1	4	3	2	5
8	4	3	9	6	2	5	7	1
6	9	7	4	5	1	2	3	8
5	2	1	3	8	7	4	6	9

EXTREME - 23

7	4	3	6	9	1	5	8	2
8	6	1	7	2	5	3	9	4
5	2	9	8	3	4	7	6	1
3	8	7	4	1	6	9	2	5
6	9	4	2	5	8	1	7	3
2	1	5	3	7	9	6	4	8
9	5	6	1	8	2	4	3	7
1	3	2	9	4	7	8	5	6
4	7	8	5	6	3	2	1	9

EXTREME - 24

3	9	1	2	6	4	5	7	8
2	4	7	8	3	5	1	6	9
6	5	8	9	7	1	3	2	4
9	6	5	1	8	7	4	3	2
8	2	4	6	5	3	7	9	1
1	7	3	4	2	9	6	8	5
5	8	2	7	1	6	9	4	3
7	1	9	3	4	2	8	5	6
4	3	6	5	9	8	2	1	7

EXTREME - 25

5	1	8	3	9	2	7	6	4
7	2	4	5	6	1	3	8	9
9	3	6	7	8	4	1	5	2
2	9	1	4	5	7	6	3	8
4	8	7	1	3	6	2	9	5
6	5	3	8	2	9	4	7	1
3	6	2	9	1	8	5	4	7
8	4	5	2	7	3	9	1	6
1	7	9	6	4	5	8	2	3

EXTREME - 26

7	5	8	9	2	4	3	1	6
2	3	4	6	1	7	8	9	5
1	9	6	5	3	8	7	4	2
5	2	1	3	9	6	4	7	8
8	6	3	7	4	5	1	2	9
4	7	9	1	8	2	5	6	3
6	4	5	8	7	9	2	3	1
9	1	7	2	5	3	6	8	4
3	8	2	4	6	1	9	5	7

EXTREME - 27

6	4	8	7	1	5	3	2	9
1	7	3	9	4	2	8	6	5
2	9	5	6	3	8	1	7	4
8	5	7	4	9	3	6	1	2
4	2	6	1	5	7	9	3	8
3	1	9	2	8	6	4	5	7
9	6	4	5	7	1	2	8	3
7	3	2	8	6	4	5	9	1
5	8	1	3	2	9	7	4	6

EXTREME - 28

1	6	7	3	9	5	8	2	4
3	2	4	7	1	8	5	6	9
8	9	5	4	6	2	1	3	7
9	7	3	2	8	4	6	5	1
6	4	2	1	5	7	3	9	8
5	1	8	9	3	6	4	7	2
2	3	6	8	4	9	7	1	5
4	5	9	6	7	1	2	8	3
7	8	1	5	2	3	9	4	6

EXTREME - 29

9	8	7	4	6	5	1	2	3
6	5	2	1	3	7	4	8	9
3	4	1	2	9	8	6	5	7
7	6	5	8	4	9	2	3	1
2	9	8	6	1	3	5	7	4
1	3	4	5	7	2	8	9	6
8	1	3	9	5	4	7	6	2
5	7	6	3	2	1	9	4	8
4	2	9	7	8	6	3	1	5

EXTREME - 30

1	5	2	7	9	3	6	8	4
8	9	4	6	1	5	3	2	7
6	3	7	2	4	8	1	9	5
9	7	5	3	2	4	8	6	1
3	1	8	5	6	7	2	4	9
4	2	6	9	8	1	5	7	3
5	8	3	4	7	6	9	1	2
7	6	9	1	5	2	4	3	8
2	4	1	8	3	9	7	5	6

EXTREME - 31

7	6	3	2	9	1	8	4	5
8	1	5	6	3	4	9	7	2
4	2	9	7	8	5	6	3	1
1	9	4	3	6	8	2	5	7
5	3	6	4	7	2	1	8	9
2	8	7	5	1	9	3	6	4
6	4	1	8	2	7	5	9	3
9	7	8	1	5	3	4	2	6
3	5	2	9	4	6	7	1	8

EXTREME - 32

5	3	1	8	6	9	2	4	7
9	4	7	2	3	5	8	1	6
6	2	8	1	4	7	9	3	5
7	1	9	6	2	3	4	5	8
8	5	2	7	1	4	6	9	3
3	6	4	5	9	8	1	7	2
1	8	3	9	5	2	7	6	4
2	9	5	4	7	6	3	8	1
4	7	6	3	8	1	5	2	9

EXTREME - 33

8	7	2	1	9	5	3	6	4
5	9	6	3	4	7	1	8	2
4	3	1	6	2	8	5	9	7
6	2	9	7	3	1	4	5	8
7	5	8	2	6	4	9	3	1
1	4	3	8	5	9	7	2	6
3	8	4	9	1	6	2	7	5
9	1	7	5	8	2	6	4	3
2	6	5	4	7	3	8	1	9

EXTREME - 34

4	9	1	7	6	2	3	5	8
6	2	3	8	4	5	7	1	9
8	7	5	9	3	1	6	2	4
9	5	4	6	1	8	2	7	3
7	6	2	3	5	9	8	4	1
1	3	8	4	2	7	5	9	6
5	1	9	2	8	3	4	6	7
2	8	6	1	7	4	9	3	5
3	4	7	5	9	6	1	8	2

EXTREME - 35

1	7	8	4	3	5	9	2	6
9	3	2	8	1	6	4	5	7
5	6	4	7	9	2	8	1	3
3	4	7	2	6	1	5	9	8
2	8	5	9	4	3	7	6	1
6	9	1	5	7	8	2	3	4
8	5	3	6	2	4	1	7	9
7	2	6	1	8	9	3	4	5
4	1	9	3	5	7	6	8	2

EXTREME - 36

2	6	8	7	1	3	4	9	5
9	4	3	5	2	6	1	8	7
7	1	5	8	9	4	2	3	6
5	7	6	1	3	9	8	2	4
1	3	4	2	6	8	5	7	9
8	2	9	4	7	5	6	1	3
3	9	2	6	5	1	7	4	8
6	8	7	3	4	2	9	5	1
4	5	1	9	8	7	3	6	2

EXTREME - 37

9	3	5	4	8	6	2	7	1
8	4	6	7	1	2	3	9	5
7	1	2	5	3	9	6	8	4
3	8	1	2	9	4	5	6	7
5	2	7	8	6	3	1	4	9
6	9	4	1	5	7	8	3	2
4	6	3	9	2	1	7	5	8
2	5	9	6	7	8	4	1	3
1	7	8	3	4	5	9	2	6

EXTREME - 38

9	7	2	8	4	6	1	3	5
3	6	5	2	1	7	9	8	4
1	4	8	5	3	9	7	6	2
5	2	4	1	6	8	3	9	7
6	8	3	9	7	2	4	5	1
7	9	1	4	5	3	8	2	6
4	1	9	6	8	5	2	7	3
8	3	6	7	2	1	5	4	9
2	5	7	3	9	4	6	1	8

EXTREME - 39

9	7	5	3	1	8	4	2	6
2	4	3	5	7	6	8	1	9
8	1	6	9	2	4	3	7	5
4	5	1	7	3	2	6	9	8
3	6	2	8	5	9	1	4	7
7	8	9	4	6	1	5	3	2
6	3	4	2	9	5	7	8	1
5	2	8	1	4	7	9	6	3
1	9	7	6	8	3	2	5	4

EXTREME - 40

9	5	4	8	3	2	1	7	6
2	7	3	1	6	5	8	9	4
6	8	1	9	7	4	2	3	5
3	1	7	5	2	9	4	6	8
5	4	9	6	8	7	3	2	1
8	6	2	4	1	3	9	5	7
7	2	5	3	4	1	6	8	9
4	9	6	2	5	8	7	1	3
1	3	8	7	9	6	5	4	2

EXTREME - 41

2	3	5	7	9	8	1	4	6
8	1	9	3	4	6	2	5	7
6	7	4	1	2	5	3	8	9
9	5	2	8	7	1	6	3	4
7	8	6	4	3	9	5	1	2
3	4	1	5	6	2	9	7	8
4	9	8	2	1	3	7	6	5
1	2	7	6	5	4	8	9	3
5	6	3	9	8	7	4	2	1

EXTREME - 42

7	1	5	6	9	8	2	3	4
3	4	9	5	7	2	6	8	1
2	8	6	3	4	1	5	7	9
5	3	7	2	8	9	1	4	6
1	9	2	4	3	6	7	5	8
4	6	8	7	1	5	9	2	3
6	5	1	8	2	3	4	9	7
8	2	4	9	6	7	3	1	5
9	7	3	1	5	4	8	6	2

EXTREME - 43

5	8	3	7	2	9	1	6	4
7	1	6	8	4	3	9	2	5
2	9	4	5	1	6	3	7	8
6	3	2	9	8	5	7	4	1
8	7	1	4	6	2	5	3	9
4	5	9	3	7	1	2	8	6
1	4	7	2	5	8	6	9	3
3	6	8	1	9	7	4	5	2
9	2	5	6	3	4	8	1	7

EXTREME - 44

5	6	7	2	1	4	3	9	8
2	9	8	5	3	7	1	6	4
1	4	3	9	8	6	7	5	2
7	1	6	8	9	2	5	4	3
3	8	4	1	6	5	2	7	9
9	5	2	7	4	3	8	1	6
4	7	9	3	2	1	6	8	5
8	2	5	6	7	9	4	3	1
6	3	1	4	5	8	9	2	7

EXTREME - 45

4	1	7	8	9	2	3	5	6
8	9	2	3	5	6	7	4	1
6	3	5	7	4	1	9	2	8
5	8	4	6	1	7	2	3	9
2	6	1	9	3	5	8	7	4
3	7	9	4	2	8	6	1	5
9	4	8	5	7	3	1	6	2
1	5	3	2	6	9	4	8	7
7	2	6	1	8	4	5	9	3

EXTREME - 46

7	3	9	4	6	2	8	1	5
4	2	5	1	8	3	7	9	6
1	8	6	7	9	5	4	3	2
5	6	3	9	1	4	2	8	7
8	9	1	6	2	7	5	4	3
2	7	4	3	5	8	1	6	9
6	4	2	5	3	1	9	7	8
3	1	8	2	7	9	6	5	4
9	5	7	8	4	6	3	2	1

EXTREME - 47

3	5	1	7	8	2	4	9	6
8	9	2	4	6	5	3	1	7
4	7	6	3	1	9	2	5	8
2	3	7	1	9	8	6	4	5
6	1	8	5	3	4	7	2	9
5	4	9	6	2	7	8	3	1
9	6	5	8	4	3	1	7	2
1	2	3	9	7	6	5	8	4
7	8	4	2	5	1	9	6	3

EXTREME - 48

4	6	2	3	9	5	7	8	1
8	1	9	6	4	7	2	3	5
3	5	7	2	1	8	4	9	6
5	9	8	4	2	6	3	1	7
6	3	4	5	7	1	8	2	9
2	7	1	8	3	9	6	5	4
1	4	6	9	8	2	5	7	3
7	8	5	1	6	3	9	4	2
9	2	3	7	5	4	1	6	8

EXTREME - 49

6	8	7	5	1	3	4	2	9
3	9	5	2	6	4	1	7	8
2	1	4	9	7	8	6	5	3
9	5	3	1	2	6	8	4	7
1	7	2	8	4	5	3	9	6
4	6	8	7	3	9	2	1	5
5	4	9	3	8	1	7	6	2
7	3	6	4	5	2	9	8	1
8	2	1	6	9	7	5	3	4

EXTREME - 50

3	6	2	7	4	9	1	8	5
4	5	8	1	2	3	6	9	7
9	1	7	8	5	6	2	4	3
6	9	4	3	1	5	7	2	8
2	3	5	9	8	7	4	6	1
8	7	1	2	6	4	3	5	9
5	2	9	4	3	1	8	7	6
7	8	3	6	9	2	5	1	4
1	4	6	5	7	8	9	3	2

EXTREME - 51

5	2	1	3	6	8	4	7	9
8	3	9	7	5	4	6	2	1
7	4	6	9	1	2	3	8	5
3	5	8	4	7	6	1	9	2
1	6	4	2	8	9	7	5	3
2	9	7	5	3	1	8	4	6
4	1	3	8	2	5	9	6	7
9	7	2	6	4	3	5	1	8
6	8	5	1	9	7	2	3	4

EXTREME - 52

8	6	7	9	5	2	1	4	3
3	4	5	8	1	7	2	9	6
2	1	9	4	3	6	5	8	7
4	3	2	1	6	9	8	7	5
9	8	1	7	2	5	3	6	4
5	7	6	3	8	4	9	1	2
7	5	3	6	9	8	4	2	1
6	2	8	5	4	1	7	3	9
1	9	4	2	7	3	6	5	8

EXTREME - 53

1	6	4	3	8	7	5	2	9
3	7	5	9	6	2	4	8	1
8	2	9	4	1	5	7	3	6
6	9	7	5	2	4	8	1	3
2	1	3	8	7	6	9	5	4
4	5	8	1	3	9	6	7	2
5	3	6	7	4	1	2	9	8
7	4	1	2	9	8	3	6	5
9	8	2	6	5	3	1	4	7

EXTREME - 54

4	1	7	9	5	8	6	3	2
9	6	3	4	2	7	8	1	5
5	8	2	6	1	3	4	9	7
8	7	5	2	6	1	9	4	3
1	4	9	8	3	5	2	7	6
2	3	6	7	4	9	5	8	1
3	5	4	1	9	2	7	6	8
6	2	8	3	7	4	1	5	9
7	9	1	5	8	6	3	2	4

EXTREME - 55

8	6	9	3	5	7	2	4	1
2	1	7	9	4	6	3	8	5
4	5	3	8	1	2	7	6	9
5	7	2	6	9	4	8	1	3
9	4	1	2	3	8	6	5	7
6	3	8	1	7	5	4	9	2
1	9	6	7	8	3	5	2	4
3	8	5	4	2	1	9	7	6
7	2	4	5	6	9	1	3	8

EXTREME - 56

3	1	6	5	4	7	8	9	2
8	7	2	9	1	3	4	5	6
9	5	4	6	8	2	7	3	1
5	9	8	1	2	6	3	4	7
4	2	7	8	3	9	6	1	5
6	3	1	4	7	5	9	2	8
1	6	9	7	5	4	2	8	3
7	8	3	2	9	1	5	6	4
2	4	5	3	6	8	1	7	9

EXTREME - 57

7	9	8	1	3	4	5	2	6
5	1	2	6	7	9	4	3	8
6	3	4	5	8	2	1	9	7
3	2	1	9	5	8	6	7	4
4	8	5	7	6	3	2	1	9
9	6	7	4	2	1	8	5	3
8	5	9	2	4	7	3	6	1
2	7	3	8	1	6	9	4	5
1	4	6	3	9	5	7	8	2

EXTREME - 58

2	8	1	9	3	4	7	5	6
4	9	5	6	8	7	2	3	1
6	3	7	2	1	5	8	9	4
1	7	2	4	5	3	9	6	8
8	4	9	7	2	6	5	1	3
5	6	3	1	9	8	4	7	2
7	5	8	3	6	2	1	4	9
3	1	4	8	7	9	6	2	5
9	2	6	5	4	1	3	8	7

EXTREME - 59

5	3	2	1	7	6	9	4	8
7	1	9	4	3	8	5	6	2
8	4	6	5	9	2	7	1	3
2	9	4	7	1	3	8	5	6
6	7	5	2	8	4	3	9	1
1	8	3	6	5	9	2	7	4
3	5	8	9	4	1	6	2	7
4	2	7	3	6	5	1	8	9
9	6	1	8	2	7	4	3	5

EXTREME - 60

2	7	4	8	9	5	1	3	6
6	9	3	4	1	7	2	8	5
8	5	1	2	3	6	9	4	7
3	8	2	6	7	4	5	9	1
7	1	9	5	8	3	6	2	4
5	4	6	9	2	1	3	7	8
4	6	7	3	5	2	8	1	9
9	3	5	1	4	8	7	6	2
1	2	8	7	6	9	4	5	3

EXTREME - 61

5	3	4	9	6	1	8	2	7
7	6	2	3	5	8	4	9	1
9	1	8	2	7	4	6	3	5
4	2	7	6	1	5	9	8	3
1	8	3	7	4	9	2	5	6
6	9	5	8	3	2	7	1	4
2	7	6	1	8	3	5	4	9
3	4	9	5	2	6	1	7	8
8	5	1	4	9	7	3	6	2

EXTREME - 62

2	9	1	4	3	8	6	5	7
6	5	8	2	7	1	3	4	9
7	3	4	6	5	9	1	2	8
5	6	2	8	4	7	9	1	3
1	4	7	3	9	6	5	8	2
9	8	3	1	2	5	4	7	6
8	7	9	5	1	3	2	6	4
4	1	6	9	8	2	7	3	5
3	2	5	7	6	4	8	9	1

EXTREME - 63

3	5	2	7	8	1	6	9	4
7	6	4	3	5	9	8	2	1
1	9	8	4	6	2	5	7	3
6	2	3	9	7	4	1	5	8
5	7	1	8	2	6	4	3	9
4	8	9	1	3	5	7	6	2
9	4	7	5	1	3	2	8	6
8	1	6	2	9	7	3	4	5
2	3	5	6	4	8	9	1	7

EXTREME - 64

4	7	6	9	8	2	3	5	1
3	8	5	6	4	1	9	7	2
1	2	9	5	3	7	6	8	4
7	1	8	4	9	5	2	3	6
2	9	3	8	7	6	4	1	5
6	5	4	2	1	3	7	9	8
8	3	2	7	5	4	1	6	9
9	6	1	3	2	8	5	4	7
5	4	7	1	6	9	8	2	3

EXTREME - 65

5	3	4	7	9	1	6	8	2
9	6	8	4	5	2	7	1	3
2	7	1	8	6	3	9	4	5
3	5	6	1	7	8	4	2	9
8	9	7	6	2	4	3	5	1
4	1	2	9	3	5	8	7	6
7	8	5	3	1	9	2	6	4
1	4	9	2	8	6	5	3	7
6	2	3	5	4	7	1	9	8

EXTREME - 66

4	6	1	8	9	2	3	5	7
5	3	8	1	7	6	2	9	4
2	9	7	3	4	5	8	1	6
9	5	6	2	1	3	7	4	8
8	7	3	4	5	9	1	6	2
1	2	4	6	8	7	9	3	5
3	1	5	7	2	4	6	8	9
6	4	2	9	3	8	5	7	1
7	8	9	5	6	1	4	2	3

EXTREME - 67

1	2	4	8	3	6	9	7	5
5	7	8	1	9	4	3	2	6
6	3	9	7	5	2	8	1	4
7	4	1	9	8	3	6	5	2
3	9	6	2	7	5	4	8	1
2	8	5	4	6	1	7	9	3
4	1	7	6	2	9	5	3	8
9	5	2	3	4	8	1	6	7
8	6	3	5	1	7	2	4	9

EXTREME - 68

1	9	8	7	2	5	3	6	4
3	7	4	8	6	1	2	9	5
5	2	6	3	4	9	1	7	8
9	5	7	4	3	2	8	1	6
8	3	2	1	9	6	5	4	7
4	6	1	5	7	8	9	2	3
2	4	9	6	5	3	7	8	1
6	1	3	9	8	7	4	5	2
7	8	5	2	1	4	6	3	9

EXTREME - 69

6	2	3	4	1	8	7	9	5
1	9	7	5	2	6	8	3	4
4	8	5	3	9	7	2	6	1
2	1	9	8	7	4	3	5	6
8	7	6	1	5	3	4	2	9
3	5	4	9	6	2	1	7	8
9	4	8	2	3	5	6	1	7
7	3	1	6	8	9	5	4	2
5	6	2	7	4	1	9	8	3

EXTREME - 70

7	6	8	4	1	2	9	3	5
5	4	1	3	8	9	6	7	2
2	9	3	5	6	7	1	8	4
4	3	7	6	9	1	2	5	8
8	1	5	7	2	3	4	9	6
6	2	9	8	5	4	3	1	7
3	8	2	1	7	6	5	4	9
9	5	4	2	3	8	7	6	1
1	7	6	9	4	5	8	2	3

EXTREME - 71

6	8	2	4	5	3	9	1	7
7	9	4	8	1	6	5	2	3
1	5	3	2	7	9	8	4	6
2	7	9	6	3	1	4	5	8
4	6	5	9	8	7	2	3	1
8	3	1	5	4	2	6	7	9
9	4	7	1	2	8	3	6	5
5	1	8	3	6	4	7	9	2
3	2	6	7	9	5	1	8	4

EXTREME - 72

4	3	9	7	1	5	2	8	6
8	6	2	4	9	3	5	1	7
1	5	7	2	8	6	3	4	9
5	9	4	3	6	8	7	2	1
2	7	8	1	5	4	9	6	3
3	1	6	9	7	2	4	5	8
6	4	1	5	3	7	8	9	2
7	8	5	6	2	9	1	3	4
9	2	3	8	4	1	6	7	5

EXTREME - 73

5	7	1	2	3	9	6	4	8
8	9	4	7	5	6	3	1	2
2	3	6	4	8	1	5	9	7
6	5	2	9	4	7	1	8	3
1	8	7	6	2	3	4	5	9
3	4	9	8	1	5	7	2	6
7	1	3	5	9	8	2	6	4
9	2	5	3	6	4	8	7	1
4	6	8	1	7	2	9	3	5

EXTREME - 74

1	7	3	8	4	5	6	2	9
6	5	8	1	9	2	4	3	7
9	2	4	6	7	3	1	8	5
4	3	1	9	5	8	2	7	6
2	8	6	4	3	7	5	9	1
5	9	7	2	1	6	8	4	3
3	6	9	5	8	4	7	1	2
8	1	2	7	6	9	3	5	4
7	4	5	3	2	1	9	6	8

EXTREME - 75

7	4	5	2	9	6	3	1	8
9	8	3	7	4	1	2	5	6
2	6	1	5	8	3	7	9	4
4	2	6	9	3	8	1	7	5
3	9	8	1	5	7	4	6	2
1	5	7	4	6	2	8	3	9
8	1	2	6	7	9	5	4	3
5	7	9	3	2	4	6	8	1
6	3	4	8	1	5	9	2	7

EXTREME - 76

7	2	1	4	8	6	3	9	5
6	4	9	5	3	1	2	7	8
8	3	5	9	7	2	6	1	4
3	9	7	1	6	5	8	4	2
5	8	2	7	4	3	1	6	9
1	6	4	2	9	8	5	3	7
2	7	6	8	1	9	4	5	3
4	5	3	6	2	7	9	8	1
9	1	8	3	5	4	7	2	6

EXTREME - 77

1	3	8	5	9	6	2	4	7
2	4	9	1	3	7	8	5	6
6	5	7	8	2	4	1	9	3
9	8	2	6	7	5	3	1	4
3	7	1	9	4	8	6	2	5
4	6	5	2	1	3	9	7	8
5	1	6	7	8	9	4	3	2
7	2	3	4	6	1	5	8	9
8	9	4	3	5	2	7	6	1

EXTREME - 78

2	3	4	6	9	1	5	8	7
7	1	6	5	8	4	9	2	3
8	5	9	3	7	2	6	1	4
4	9	8	2	6	5	3	7	1
1	2	5	9	3	7	8	4	6
3	6	7	4	1	8	2	5	9
6	4	2	7	5	3	1	9	8
5	8	3	1	4	9	7	6	2
9	7	1	8	2	6	4	3	5

EXTREME - 79

6	4	5	7	8	2	9	3	1
2	9	1	3	5	6	4	7	8
3	8	7	1	4	9	6	5	2
9	3	8	4	6	1	5	2	7
1	5	2	9	7	3	8	4	6
4	7	6	8	2	5	3	1	9
8	1	9	5	3	7	2	6	4
7	6	3	2	9	4	1	8	5
5	2	4	6	1	8	7	9	3

EXTREME - 80

7	1	4	9	5	8	3	2	6
8	6	9	7	3	2	5	1	4
2	3	5	4	1	6	9	8	7
3	5	1	2	6	4	8	7	9
9	2	7	5	8	3	4	6	1
6	4	8	1	9	7	2	5	3
1	7	3	8	2	9	6	4	5
5	8	6	3	4	1	7	9	2
4	9	2	6	7	5	1	3	8

EXTREME - 81

9	2	5	6	4	1	8	7	3
1	4	3	8	5	7	6	2	9
8	6	7	3	2	9	4	1	5
5	9	1	4	8	6	2	3	7
4	3	8	1	7	2	5	9	6
2	7	6	9	3	5	1	4	8
6	1	4	5	9	3	7	8	2
3	8	2	7	6	4	9	5	1
7	5	9	2	1	8	3	6	4

EXTREME - 82

9	6	1	5	4	2	8	7	3
2	4	7	3	1	8	5	9	6
3	8	5	7	9	6	1	4	2
5	2	3	8	7	1	4	6	9
4	1	6	9	2	5	7	3	8
7	9	8	4	6	3	2	1	5
6	5	2	1	3	4	9	8	7
1	3	9	2	8	7	6	5	4
8	7	4	6	5	9	3	2	1

EXTREME - 83

7	3	8	4	9	6	2	5	1
4	5	6	1	2	7	9	3	8
9	1	2	8	5	3	7	6	4
8	4	7	9	1	5	6	2	3
2	6	3	7	4	8	1	9	5
1	9	5	3	6	2	8	4	7
3	2	4	6	8	1	5	7	9
5	7	1	2	3	9	4	8	6
6	8	9	5	7	4	3	1	2

EXTREME - 84

9	5	6	4	8	1	3	2	7
1	8	3	7	9	2	4	6	5
7	4	2	5	3	6	1	9	8
3	6	7	1	5	8	9	4	2
8	1	9	2	4	7	5	3	6
5	2	4	3	6	9	8	7	1
2	9	5	8	7	4	6	1	3
4	7	8	6	1	3	2	5	9
6	3	1	9	2	5	7	8	4

EXTREME - 85

4	7	8	1	6	3	5	2	9
1	9	3	5	2	8	4	6	7
6	5	2	4	9	7	8	3	1
7	4	5	2	8	6	1	9	3
9	3	6	7	1	4	2	5	8
2	8	1	3	5	9	6	7	4
8	6	7	9	4	2	3	1	5
3	1	4	6	7	5	9	8	2
5	2	9	8	3	1	7	4	6

EXTREME - 86

1	2	7	5	9	3	4	8	6
5	6	4	7	8	1	2	9	3
9	3	8	4	6	2	7	1	5
2	9	3	6	4	8	5	7	1
8	7	5	1	2	9	6	3	4
6	4	1	3	7	5	8	2	9
7	5	2	9	1	6	3	4	8
4	1	6	8	3	7	9	5	2
3	8	9	2	5	4	1	6	7

EXTREME - 87

4	3	9	2	1	6	5	8	7
8	7	6	3	4	5	1	2	9
5	2	1	7	9	8	6	4	3
2	5	3	9	8	7	4	1	6
9	6	7	1	2	4	8	3	5
1	8	4	6	5	3	9	7	2
6	4	5	8	3	2	7	9	1
7	9	2	4	6	1	3	5	8
3	1	8	5	7	9	2	6	4

EXTREME - 88

1	9	3	5	6	4	2	8	7
6	8	5	2	7	3	1	4	9
7	2	4	9	1	8	3	6	5
3	6	1	4	8	9	5	7	2
2	4	9	3	5	7	8	1	6
8	5	7	6	2	1	9	3	4
4	3	6	1	9	5	7	2	8
5	7	2	8	3	6	4	9	1
9	1	8	7	4	2	6	5	3

EXTREME - 89

2	8	9	4	5	6	7	3	1
4	7	5	1	3	2	6	8	9
1	6	3	7	9	8	4	2	5
9	2	7	8	1	5	3	6	4
8	4	1	6	7	3	9	5	2
5	3	6	2	4	9	8	1	7
6	9	8	5	2	7	1	4	3
7	5	4	3	6	1	2	9	8
3	1	2	9	8	4	5	7	6

EXTREME - 90

9	2	7	3	4	6	5	8	1
1	6	5	9	8	2	4	3	7
3	4	8	1	7	5	2	9	6
5	3	6	8	2	7	9	1	4
8	1	2	4	5	9	6	7	3
7	9	4	6	3	1	8	2	5
6	8	9	5	1	3	7	4	2
2	5	1	7	9	4	3	6	8
4	7	3	2	6	8	1	5	9

EXTREME - 91

4	2	5	6	3	8	1	7	9
8	3	1	7	2	9	5	6	4
6	7	9	1	5	4	3	2	8
9	8	7	2	6	5	4	1	3
5	1	6	3	4	7	8	9	2
3	4	2	9	8	1	6	5	7
1	9	8	4	7	6	2	3	5
7	5	3	8	1	2	9	4	6
2	6	4	5	9	3	7	8	1

EXTREME - 92

9	1	6	2	8	5	7	3	4
3	5	4	1	9	7	2	8	6
7	8	2	6	4	3	9	5	1
5	6	7	4	3	2	1	9	8
8	4	3	5	1	9	6	7	2
1	2	9	7	6	8	3	4	5
2	9	8	3	5	1	4	6	7
6	3	1	8	7	4	5	2	9
4	7	5	9	2	6	8	1	3

EXTREME - 93

4	9	2	1	7	6	5	3	8
3	6	7	2	8	5	4	1	9
1	5	8	3	9	4	2	6	7
9	8	3	4	1	2	6	7	5
5	4	1	7	6	3	8	9	2
7	2	6	9	5	8	1	4	3
6	7	5	8	3	1	9	2	4
2	1	9	5	4	7	3	8	6
8	3	4	6	2	9	7	5	1

EXTREME - 94

4	3	9	2	6	7	8	5	1
1	2	8	5	9	3	6	7	4
6	7	5	8	4	1	3	9	2
7	9	3	1	2	6	4	8	5
5	6	4	7	8	9	1	2	3
2	8	1	4	3	5	9	6	7
9	1	6	3	7	2	5	4	8
8	5	2	6	1	4	7	3	9
3	4	7	9	5	8	2	1	6

EXTREME - 95

4	1	2	5	9	6	7	8	3
8	3	6	4	7	2	1	9	5
5	9	7	1	8	3	2	6	4
2	5	1	7	6	4	9	3	8
9	8	4	2	3	5	6	1	7
7	6	3	9	1	8	5	4	2
1	2	9	8	4	7	3	5	6
6	4	5	3	2	9	8	7	1
3	7	8	6	5	1	4	2	9

EXTREME - 96

2	6	5	1	9	3	8	7	4
1	9	4	5	7	8	2	6	3
3	8	7	4	2	6	1	5	9
4	3	8	9	1	7	5	2	6
9	2	6	8	5	4	7	3	1
5	7	1	6	3	2	4	9	8
7	4	2	3	6	1	9	8	5
8	5	3	2	4	9	6	1	7
6	1	9	7	8	5	3	4	2

EXTREME - 97

2	7	3	8	5	6	9	1	4
8	4	6	9	1	7	5	2	3
1	5	9	2	4	3	8	7	6
4	3	1	5	7	2	6	9	8
7	6	2	3	8	9	1	4	5
9	8	5	4	6	1	2	3	7
5	2	8	1	3	4	7	6	9
6	1	4	7	9	8	3	5	2
3	9	7	6	2	5	4	8	1

EXTREME - 98

1	5	2	4	9	3	6	8	7
4	9	6	7	1	8	2	3	5
3	8	7	5	6	2	1	4	9
5	1	3	2	7	4	9	6	8
6	7	8	9	5	1	4	2	3
2	4	9	3	8	6	5	7	1
8	6	4	1	3	5	7	9	2
9	3	5	6	2	7	8	1	4
7	2	1	8	4	9	3	5	6

EXTREME - 99

9	5	7	6	8	1	3	2	4
4	2	8	7	9	3	6	1	5
1	6	3	2	5	4	8	7	9
6	1	4	3	2	8	9	5	7
2	7	9	1	6	5	4	3	8
3	8	5	4	7	9	2	6	1
5	9	2	8	1	6	7	4	3
7	4	1	9	3	2	5	8	6
8	3	6	5	4	7	1	9	2

EXTREME - 100

9	3	5	7	8	1	4	2	6
6	7	8	9	4	2	3	5	1
2	4	1	5	3	6	8	9	7
3	5	7	2	9	8	1	6	4
1	8	2	6	7	4	9	3	5
4	9	6	1	5	3	2	7	8
7	1	4	3	6	9	5	8	2
5	2	9	8	1	7	6	4	3
8	6	3	4	2	5	7	1	9

EXTREME - 101

9	7	5	1	6	8	2	3	4
8	6	3	7	4	2	9	1	5
1	2	4	5	3	9	6	7	8
3	9	8	6	2	7	5	4	1
5	4	7	8	9	1	3	2	6
6	1	2	4	5	3	8	9	7
4	3	1	2	8	6	7	5	9
2	5	6	9	7	4	1	8	3
7	8	9	3	1	5	4	6	2

EXTREME - 102

3	9	7	2	6	4	8	1	5
8	1	6	9	5	7	4	3	2
5	4	2	3	1	8	9	7	6
2	5	4	1	8	9	7	6	3
6	7	8	4	3	5	2	9	1
1	3	9	6	7	2	5	8	4
9	2	3	8	4	1	6	5	7
4	6	5	7	9	3	1	2	8
7	8	1	5	2	6	3	4	9

EXTREME - 103

6	7	1	8	5	3	4	9	2
9	2	5	4	6	1	7	3	8
8	4	3	2	7	9	1	5	6
2	1	8	3	4	6	9	7	5
7	5	6	1	9	2	3	8	4
4	3	9	5	8	7	2	6	1
1	8	4	9	3	5	6	2	7
5	9	7	6	2	4	8	1	3
3	6	2	7	1	8	5	4	9

EXTREME - 104

6	9	4	5	8	2	3	1	7
3	1	2	7	6	4	5	9	8
5	7	8	1	9	3	6	2	4
7	6	3	9	2	1	4	8	5
9	8	5	4	7	6	1	3	2
4	2	1	3	5	8	7	6	9
8	5	9	6	3	7	2	4	1
1	3	7	2	4	9	8	5	6
2	4	6	8	1	5	9	7	3

EXTREME - 105

3	5	7	4	6	9	1	2	8
2	6	1	3	7	8	9	5	4
8	4	9	2	5	1	7	3	6
9	8	3	7	1	4	2	6	5
6	2	4	5	9	3	8	1	7
7	1	5	8	2	6	3	4	9
4	7	6	1	8	2	5	9	3
5	3	2	9	4	7	6	8	1
1	9	8	6	3	5	4	7	2

EXTREME - 106

9	3	7	1	8	2	4	6	5
4	5	2	9	7	6	3	1	8
8	1	6	3	5	4	2	9	7
5	9	3	4	6	7	1	8	2
2	6	8	5	3	1	9	7	4
7	4	1	8	2	9	5	3	6
3	2	5	6	9	8	7	4	1
6	7	4	2	1	3	8	5	9
1	8	9	7	4	5	6	2	3

EXTREME - 107

2	9	7	1	6	3	5	4	8
6	1	4	8	9	5	2	3	7
8	3	5	4	2	7	6	9	1
9	2	3	5	4	8	1	7	6
7	4	8	6	3	1	9	2	5
5	6	1	2	7	9	4	8	3
1	5	2	7	8	4	3	6	9
4	8	9	3	5	6	7	1	2
3	7	6	9	1	2	8	5	4

EXTREME - 108

7	6	8	3	4	9	1	2	5
1	4	2	7	8	5	6	3	9
5	3	9	6	2	1	8	4	7
3	9	4	5	1	8	2	7	6
8	7	1	2	3	6	9	5	4
6	2	5	9	7	4	3	8	1
9	5	3	4	6	2	7	1	8
2	8	6	1	5	7	4	9	3
4	1	7	8	9	3	5	6	2

EXTREME - 109

7	2	6	8	1	4	3	5	9
1	9	8	6	3	5	7	2	4
3	4	5	7	9	2	8	1	6
9	8	2	1	6	7	4	3	5
4	3	1	2	5	8	9	6	7
5	6	7	3	4	9	1	8	2
2	1	3	4	7	6	5	9	8
8	5	4	9	2	3	6	7	1
6	7	9	5	8	1	2	4	3

EXTREME - 110

4	6	2	1	3	9	8	5	7
1	8	7	4	6	5	9	3	2
3	5	9	8	7	2	1	4	6
6	7	3	2	5	1	4	9	8
2	4	1	9	8	6	5	7	3
5	9	8	7	4	3	2	6	1
7	1	4	3	9	8	6	2	5
8	3	5	6	2	4	7	1	9
9	2	6	5	1	7	3	8	4

EXTREME - 111

9	6	3	2	5	7	8	4	1
8	5	4	3	6	1	9	2	7
2	7	1	8	9	4	5	6	3
6	4	2	7	8	9	3	1	5
5	3	8	1	4	6	7	9	2
7	1	9	5	3	2	6	8	4
1	9	6	4	7	5	2	3	8
3	2	7	6	1	8	4	5	9
4	8	5	9	2	3	1	7	6

EXTREME - 112

4	7	8	3	2	5	6	1	9
5	1	6	7	4	9	3	8	2
3	2	9	1	8	6	7	4	5
2	5	4	6	7	1	8	9	3
8	3	1	9	5	4	2	6	7
9	6	7	8	3	2	1	5	4
7	9	3	4	1	8	5	2	6
6	8	5	2	9	3	4	7	1
1	4	2	5	6	7	9	3	8

EXTREME - 113

5	4	3	9	7	6	1	2	8
9	7	1	8	2	4	5	3	6
6	2	8	5	1	3	4	7	9
1	9	4	7	3	8	6	5	2
3	5	2	4	6	9	8	1	7
8	6	7	1	5	2	9	4	3
7	8	9	3	4	5	2	6	1
2	1	5	6	8	7	3	9	4
4	3	6	2	9	1	7	8	5

EXTREME - 114

8	2	7	1	5	4	9	3	6
9	4	1	6	7	3	5	8	2
5	3	6	2	8	9	7	1	4
4	7	3	9	1	5	2	6	8
2	9	5	8	3	6	1	4	7
6	1	8	4	2	7	3	5	9
7	8	2	5	6	1	4	9	3
3	5	4	7	9	8	6	2	1
1	6	9	3	4	2	8	7	5

EXTREME - 115

1	6	2	4	8	7	5	3	9
5	4	3	6	9	1	8	7	2
9	7	8	2	3	5	1	6	4
6	8	7	1	2	3	4	9	5
2	9	1	5	7	4	3	8	6
4	3	5	9	6	8	7	2	1
3	2	4	7	1	6	9	5	8
7	5	6	8	4	9	2	1	3
8	1	9	3	5	2	6	4	7

EXTREME - 116

8	4	3	6	2	9	7	1	5
1	2	5	4	7	8	3	6	9
9	6	7	5	1	3	4	2	8
2	9	8	1	4	5	6	7	3
7	5	4	3	6	2	9	8	1
3	1	6	9	8	7	5	4	2
4	3	1	2	5	6	8	9	7
6	8	9	7	3	1	2	5	4
5	7	2	8	9	4	1	3	6

EXTREME - 117

2	6	5	4	9	7	8	3	1
3	1	7	2	6	8	4	5	9
4	8	9	5	3	1	6	2	7
5	4	2	3	7	6	1	9	8
1	7	3	8	5	9	2	6	4
8	9	6	1	4	2	3	7	5
9	5	1	6	8	3	7	4	2
7	3	8	9	2	4	5	1	6
6	2	4	7	1	5	9	8	3

EXTREME - 118

3	2	7	9	4	8	6	1	5
6	5	4	1	3	2	7	9	8
1	8	9	6	5	7	2	3	4
7	6	8	2	1	5	3	4	9
4	9	1	7	8	3	5	2	6
2	3	5	4	6	9	1	8	7
5	1	3	8	7	4	9	6	2
8	7	2	3	9	6	4	5	1
9	4	6	5	2	1	8	7	3

EXTREME - 119

2	9	8	3	5	1	7	6	4
3	7	4	8	6	9	2	5	1
6	5	1	4	2	7	3	9	8
9	1	2	7	3	5	4	8	6
8	3	5	1	4	6	9	7	2
7	4	6	9	8	2	5	1	3
4	2	9	6	7	8	1	3	5
5	8	7	2	1	3	6	4	9
1	6	3	5	9	4	8	2	7

EXTREME - 120

8	9	3	4	1	7	5	6	2
1	4	6	8	2	5	9	7	3
7	5	2	6	9	3	4	8	1
6	8	9	5	4	2	3	1	7
5	2	7	3	6	1	8	4	9
3	1	4	7	8	9	2	5	6
9	3	5	1	7	4	6	2	8
4	6	1	2	3	8	7	9	5
2	7	8	9	5	6	1	3	4

EXTREME - 121

3	5	4	2	7	8	6	1	9
2	9	6	4	1	5	3	8	7
8	1	7	3	9	6	5	2	4
9	4	8	6	5	2	7	3	1
6	3	1	7	8	4	9	5	2
5	7	2	1	3	9	4	6	8
7	2	9	8	6	3	1	4	5
4	6	5	9	2	1	8	7	3
1	8	3	5	4	7	2	9	6

EXTREME - 122

9	5	8	6	4	1	2	3	7
2	7	3	5	8	9	1	6	4
6	1	4	7	2	3	5	9	8
7	6	2	8	3	5	9	4	1
8	3	9	2	1	4	7	5	6
5	4	1	9	7	6	3	8	2
1	2	6	3	5	8	4	7	9
3	9	7	4	6	2	8	1	5
4	8	5	1	9	7	6	2	3

EXTREME - 123

2	6	8	3	7	1	5	9	4
7	4	1	5	6	9	2	8	3
3	9	5	8	4	2	6	7	1
6	3	7	2	9	8	1	4	5
1	8	2	4	3	5	9	6	7
4	5	9	6	1	7	3	2	8
8	7	3	9	5	6	4	1	2
5	1	6	7	2	4	8	3	9
9	2	4	1	8	3	7	5	6

EXTREME - 124

2	4	8	9	1	5	3	6	7
6	9	1	3	2	7	5	8	4
5	3	7	4	8	6	2	9	1
9	1	3	5	7	4	6	2	8
4	2	5	8	6	1	9	7	3
8	7	6	2	9	3	1	4	5
1	6	4	7	3	2	8	5	9
7	8	2	1	5	9	4	3	6
3	5	9	6	4	8	7	1	2

EXTREME - 125

2	7	3	9	4	6	5	1	8
6	1	4	5	2	8	7	9	3
8	5	9	3	7	1	4	2	6
9	4	6	7	5	3	1	8	2
5	2	1	8	9	4	6	3	7
7	3	8	6	1	2	9	4	5
1	9	5	2	3	7	8	6	4
4	8	2	1	6	5	3	7	9
3	6	7	4	8	9	2	5	1

EXTREME - 126

7	2	5	9	6	4	1	3	8
9	8	3	2	5	1	7	6	4
6	1	4	3	7	8	5	2	9
8	5	7	1	3	6	4	9	2
3	9	6	4	2	7	8	5	1
2	4	1	5	8	9	6	7	3
5	6	2	8	1	3	9	4	7
1	7	9	6	4	2	3	8	5
4	3	8	7	9	5	2	1	6

EXTREME - 127

5	9	2	4	3	1	8	7	6
3	7	8	6	9	5	2	4	1
1	6	4	7	2	8	5	3	9
8	3	6	9	1	7	4	5	2
4	5	9	2	8	3	1	6	7
2	1	7	5	4	6	3	9	8
6	4	1	8	5	9	7	2	3
7	8	5	3	6	2	9	1	4
9	2	3	1	7	4	6	8	5

EXTREME - 128

5	2	8	6	3	9	4	1	7
1	6	4	7	5	2	9	8	3
3	7	9	1	8	4	5	6	2
2	9	1	8	4	6	3	7	5
8	5	6	3	9	7	1	2	4
4	3	7	2	1	5	6	9	8
7	8	3	5	6	1	2	4	9
6	4	5	9	2	8	7	3	1
9	1	2	4	7	3	8	5	6

EXTREME - 129

7	9	1	8	5	4	6	3	2
5	8	3	6	2	1	4	9	7
4	6	2	7	9	3	5	8	1
8	1	9	3	4	2	7	6	5
2	3	4	5	7	6	8	1	9
6	5	7	9	1	8	3	2	4
9	4	6	2	8	5	1	7	3
1	2	8	4	3	7	9	5	6
3	7	5	1	6	9	2	4	8

EXTREME - 130

8	3	4	1	2	7	9	5	6
7	1	6	4	5	9	3	8	2
2	9	5	8	6	3	4	1	7
9	8	3	7	4	5	2	6	1
6	2	7	3	9	1	8	4	5
4	5	1	6	8	2	7	3	9
3	7	2	5	1	8	6	9	4
1	4	8	9	7	6	5	2	3
5	6	9	2	3	4	1	7	8

EXTREME - 131

6	9	1	4	8	3	5	7	2
5	3	7	2	1	9	4	6	8
4	8	2	7	5	6	9	3	1
3	7	5	1	6	8	2	9	4
8	1	4	9	2	7	3	5	6
2	6	9	3	4	5	1	8	7
7	4	8	5	9	2	6	1	3
9	2	6	8	3	1	7	4	5
1	5	3	6	7	4	8	2	9

EXTREME - 132

8	9	3	4	1	7	2	6	5
6	5	1	2	3	9	4	8	7
2	7	4	6	8	5	9	3	1
7	1	2	9	4	6	8	5	3
3	4	5	1	7	8	6	9	2
9	6	8	3	5	2	1	7	4
4	8	6	7	2	3	5	1	9
1	3	9	5	6	4	7	2	8
5	2	7	8	9	1	3	4	6

EXTREME - 133

4	1	6	2	3	8	5	9	7
2	8	5	9	7	6	4	1	3
7	3	9	5	4	1	8	6	2
8	7	2	3	1	5	9	4	6
9	6	3	4	8	2	7	5	1
1	5	4	7	6	9	3	2	8
3	9	7	6	2	4	1	8	5
5	2	8	1	9	7	6	3	4
6	4	1	8	5	3	2	7	9

EXTREME - 134

1	6	7	8	9	2	5	4	3
2	4	9	5	3	7	6	1	8
3	8	5	1	6	4	7	2	9
5	9	2	3	7	6	1	8	4
8	7	3	4	1	9	2	6	5
4	1	6	2	5	8	3	9	7
6	2	4	7	8	3	9	5	1
7	5	8	9	2	1	4	3	6
9	3	1	6	4	5	8	7	2

EXTREME - 135

7	9	3	8	2	5	1	4	6
8	5	1	4	9	6	3	2	7
2	4	6	1	7	3	9	5	8
4	8	2	3	6	1	5	7	9
9	1	7	5	8	2	4	6	3
3	6	5	7	4	9	2	8	1
1	7	8	2	3	4	6	9	5
6	3	4	9	5	7	8	1	2
5	2	9	6	1	8	7	3	4

EXTREME - 136

1	8	3	9	5	4	7	6	2
7	2	5	3	6	8	4	9	1
6	4	9	2	1	7	3	8	5
3	9	2	4	8	1	6	5	7
5	1	7	6	3	2	8	4	9
8	6	4	7	9	5	2	1	3
4	5	6	1	2	3	9	7	8
9	3	1	8	7	6	5	2	4
2	7	8	5	4	9	1	3	6

EXTREME - 137

2	7	8	6	4	3	5	1	9
3	5	4	2	9	1	8	7	6
1	6	9	5	7	8	3	4	2
5	4	1	7	6	9	2	8	3
8	9	2	1	3	5	7	6	4
7	3	6	4	8	2	9	5	1
9	1	7	3	5	6	4	2	8
6	8	5	9	2	4	1	3	7
4	2	3	8	1	7	6	9	5

EXTREME - 138

6	4	1	9	8	5	3	2	7
9	7	5	2	1	3	8	4	6
8	2	3	4	7	6	9	1	5
3	9	8	1	5	4	6	7	2
7	5	4	6	2	9	1	3	8
1	6	2	7	3	8	4	5	9
4	1	6	5	9	2	7	8	3
2	3	9	8	4	7	5	6	1
5	8	7	3	6	1	2	9	4

EXTREME - 139

4	9	1	6	2	3	8	7	5
6	3	8	5	7	9	1	2	4
5	7	2	8	1	4	9	3	6
2	5	3	7	8	6	4	9	1
7	8	9	4	3	1	6	5	2
1	4	6	9	5	2	7	8	3
8	1	4	3	9	5	2	6	7
3	2	7	1	6	8	5	4	9
9	6	5	2	4	7	3	1	8

EXTREME - 140

1	5	2	8	3	7	9	6	4
7	6	3	1	9	4	8	2	5
8	9	4	6	5	2	1	3	7
4	2	8	9	7	1	3	5	6
3	7	6	2	8	5	4	9	1
5	1	9	3	4	6	7	8	2
9	4	7	5	2	3	6	1	8
6	3	5	7	1	8	2	4	9
2	8	1	4	6	9	5	7	3

EXTREME - 141

6	2	9	7	3	5	4	8	1
4	8	3	9	1	2	6	5	7
7	5	1	8	6	4	9	2	3
2	6	8	3	5	7	1	9	4
1	7	4	6	8	9	2	3	5
3	9	5	2	4	1	7	6	8
9	4	6	5	7	8	3	1	2
8	1	2	4	9	3	5	7	6
5	3	7	1	2	6	8	4	9

EXTREME - 142

2	5	9	4	6	8	1	7	3
1	4	6	2	3	7	9	8	5
7	8	3	1	9	5	6	2	4
6	2	8	5	7	9	4	3	1
9	3	1	8	2	4	5	6	7
4	7	5	3	1	6	2	9	8
5	9	4	6	8	3	7	1	2
8	6	2	7	4	1	3	5	9
3	1	7	9	5	2	8	4	6

EXTREME - 143

3	8	4	7	2	9	1	6	5
5	1	9	6	8	3	2	4	7
6	7	2	4	5	1	8	3	9
8	5	7	2	3	6	9	1	4
9	4	3	5	1	7	6	8	2
2	6	1	9	4	8	7	5	3
7	3	5	1	6	2	4	9	8
4	9	6	8	7	5	3	2	1
1	2	8	3	9	4	5	7	6

EXTREME - 144

1	2	3	9	8	6	7	5	4
6	9	5	7	3	4	2	8	1
4	8	7	1	2	5	9	3	6
2	6	8	4	7	1	3	9	5
3	1	9	6	5	8	4	7	2
5	7	4	2	9	3	6	1	8
9	3	1	5	6	2	8	4	7
7	4	2	8	1	9	5	6	3
8	5	6	3	4	7	1	2	9

EXTREME - 145

6	5	9	2	4	3	1	7	8
1	4	7	9	8	6	2	5	3
2	3	8	1	7	5	6	9	4
7	9	2	6	1	4	3	8	5
4	8	5	3	2	9	7	1	6
3	6	1	8	5	7	9	4	2
9	7	6	5	3	8	4	2	1
8	1	3	4	9	2	5	6	7
5	2	4	7	6	1	8	3	9

EXTREME - 146

2	6	9	7	5	1	3	8	4
3	1	8	2	6	4	7	5	9
4	5	7	9	8	3	2	1	6
6	9	2	5	4	8	1	3	7
5	3	1	6	7	9	8	4	2
7	8	4	1	3	2	9	6	5
1	7	6	3	2	5	4	9	8
8	2	3	4	9	6	5	7	1
9	4	5	8	1	7	6	2	3

EXTREME - 147

7	9	6	8	4	2	3	1	5
3	4	1	9	7	5	6	2	8
5	8	2	1	3	6	7	9	4
8	5	3	4	6	9	1	7	2
6	1	4	3	2	7	8	5	9
9	2	7	5	8	1	4	3	6
1	3	9	6	5	4	2	8	7
2	6	5	7	1	8	9	4	3
4	7	8	2	9	3	5	6	1

EXTREME - 148

3	1	7	5	6	4	2	8	9
8	5	2	9	1	3	6	4	7
9	4	6	2	8	7	3	1	5
1	6	4	7	3	9	5	2	8
7	3	8	6	2	5	1	9	4
5	2	9	1	4	8	7	3	6
2	9	1	8	5	6	4	7	3
4	8	5	3	7	2	9	6	1
6	7	3	4	9	1	8	5	2

EXTREME - 149

5	2	9	6	8	4	1	3	7
1	4	7	2	3	9	5	6	8
3	6	8	5	7	1	4	2	9
6	1	3	8	2	7	9	4	5
8	7	4	9	5	6	3	1	2
9	5	2	4	1	3	7	8	6
2	3	1	7	6	5	8	9	4
7	9	6	1	4	8	2	5	3
4	8	5	3	9	2	6	7	1

EXTREME - 150

3	4	6	1	5	9	8	2	7
8	9	7	6	4	2	5	3	1
5	2	1	3	7	8	4	9	6
9	1	5	7	3	4	6	8	2
2	6	3	8	9	5	1	7	4
4	7	8	2	6	1	9	5	3
7	5	9	4	2	6	3	1	8
1	3	4	9	8	7	2	6	5
6	8	2	5	1	3	7	4	9

EXTREME - 151

5	1	2	6	3	7	9	8	4
8	9	7	4	5	2	3	1	6
4	6	3	1	8	9	2	5	7
7	3	6	8	2	5	4	9	1
1	4	8	7	9	6	5	3	2
9	2	5	3	1	4	7	6	8
3	8	4	5	7	1	6	2	9
2	7	1	9	6	3	8	4	5
6	5	9	2	4	8	1	7	3

EXTREME - 152

8	2	6	3	5	4	7	9	1
1	3	4	9	7	8	5	6	2
5	9	7	6	1	2	8	3	4
3	7	8	2	9	6	1	4	5
2	5	1	7	4	3	6	8	9
6	4	9	1	8	5	2	7	3
9	1	2	4	6	7	3	5	8
7	8	3	5	2	9	4	1	6
4	6	5	8	3	1	9	2	7

EXTREME - 153

4	2	7	1	3	9	8	5	6
5	1	9	6	4	8	2	3	7
3	6	8	2	7	5	1	9	4
8	7	1	3	5	2	6	4	9
6	4	3	9	8	7	5	1	2
9	5	2	4	6	1	3	7	8
7	8	4	5	2	3	9	6	1
1	3	6	8	9	4	7	2	5
2	9	5	7	1	6	4	8	3

EXTREME - 154

6	2	9	1	8	7	3	4	5
1	4	7	5	3	9	6	8	2
5	3	8	2	4	6	9	7	1
9	8	2	3	1	4	7	5	6
4	7	5	8	6	2	1	9	3
3	6	1	9	7	5	8	2	4
2	5	3	6	9	8	4	1	7
8	1	4	7	2	3	5	6	9
7	9	6	4	5	1	2	3	8

EXTREME - 155

6	7	9	2	5	4	1	3	8
5	1	8	6	3	9	4	2	7
2	3	4	7	1	8	9	5	6
7	9	5	8	4	6	3	1	2
3	8	1	9	2	5	6	7	4
4	2	6	3	7	1	5	8	9
9	6	7	5	8	3	2	4	1
1	5	2	4	6	7	8	9	3
8	4	3	1	9	2	7	6	5

EXTREME - 156

5	4	8	3	1	7	9	6	2
9	2	1	6	8	5	4	3	7
7	3	6	4	9	2	5	1	8
1	6	9	2	7	8	3	4	5
3	5	7	9	6	4	2	8	1
4	8	2	5	3	1	7	9	6
2	9	3	8	5	6	1	7	4
8	7	5	1	4	9	6	2	3
6	1	4	7	2	3	8	5	9

EXTREME - 157

1	4	6	5	7	2	9	8	3
2	8	3	9	6	4	5	7	1
5	7	9	8	3	1	6	4	2
7	9	2	6	8	3	1	5	4
3	1	5	2	4	7	8	9	6
4	6	8	1	9	5	2	3	7
8	3	1	7	2	9	4	6	5
6	5	4	3	1	8	7	2	9
9	2	7	4	5	6	3	1	8

EXTREME - 158

9	5	6	4	3	8	7	1	2
8	7	1	6	9	2	4	3	5
3	2	4	1	5	7	9	8	6
5	9	2	7	8	6	3	4	1
4	3	7	2	1	5	8	6	9
1	6	8	9	4	3	2	5	7
7	8	5	3	6	9	1	2	4
2	1	3	5	7	4	6	9	8
6	4	9	8	2	1	5	7	3

EXTREME - 159

4	7	9	8	6	3	1	5	2
2	3	1	9	5	4	7	6	8
5	8	6	2	7	1	9	3	4
7	5	8	4	3	9	2	1	6
3	9	4	6	1	2	8	7	5
6	1	2	5	8	7	4	9	3
8	2	7	3	9	6	5	4	1
9	6	5	1	4	8	3	2	7
1	4	3	7	2	5	6	8	9

EXTREME - 160

6	4	1	2	3	5	8	7	9
9	3	2	1	7	8	6	4	5
7	8	5	6	4	9	2	1	3
5	1	6	7	8	2	9	3	4
8	2	4	3	9	1	5	6	7
3	9	7	4	5	6	1	2	8
1	7	8	5	6	3	4	9	2
4	6	9	8	2	7	3	5	1
2	5	3	9	1	4	7	8	6

EXTREME - 161

8	3	2	7	1	4	6	5	9
1	9	6	2	3	5	7	8	4
5	7	4	8	6	9	3	1	2
6	1	3	4	5	7	9	2	8
2	4	7	9	8	1	5	3	6
9	8	5	6	2	3	1	4	7
4	2	1	5	7	6	8	9	3
7	5	8	3	9	2	4	6	1
3	6	9	1	4	8	2	7	5

EXTREME - 162

4	7	1	8	3	2	9	5	6
6	8	9	5	1	7	3	2	4
3	5	2	4	6	9	8	7	1
7	9	3	1	2	6	4	8	5
1	4	6	7	8	5	2	9	3
5	2	8	3	9	4	1	6	7
2	1	5	9	7	3	6	4	8
8	6	4	2	5	1	7	3	9
9	3	7	6	4	8	5	1	2

EXTREME - 163

2	6	4	8	1	3	9	7	5
8	1	9	5	7	6	3	4	2
7	3	5	2	4	9	1	6	8
1	9	3	7	5	8	4	2	6
4	5	7	6	2	1	8	9	3
6	2	8	9	3	4	7	5	1
9	7	1	3	6	2	5	8	4
5	4	2	1	8	7	6	3	9
3	8	6	4	9	5	2	1	7

EXTREME - 164

2	3	1	4	7	8	5	9	6
4	8	6	5	2	9	7	3	1
7	9	5	1	3	6	8	4	2
3	2	7	6	5	4	9	1	8
1	5	9	2	8	3	6	7	4
6	4	8	7	9	1	3	2	5
5	6	3	9	4	2	1	8	7
8	1	2	3	6	7	4	5	9
9	7	4	8	1	5	2	6	3

EXTREME - 165

6	4	2	5	7	3	1	9	8
7	1	5	6	8	9	4	3	2
9	3	8	1	4	2	6	7	5
3	2	1	7	9	6	5	8	4
8	9	7	4	1	5	3	2	6
5	6	4	3	2	8	7	1	9
2	7	6	9	5	1	8	4	3
1	8	3	2	6	4	9	5	7
4	5	9	8	3	7	2	6	1

EXTREME - 166

6	2	3	8	4	7	5	1	9
1	5	4	2	3	9	8	6	7
7	8	9	5	1	6	2	3	4
4	1	6	3	7	8	9	2	5
3	9	8	1	2	5	7	4	6
2	7	5	9	6	4	1	8	3
8	3	7	4	9	2	6	5	1
9	4	2	6	5	1	3	7	8
5	6	1	7	8	3	4	9	2

EXTREME - 167

2	1	8	5	3	9	4	6	7
9	4	3	1	6	7	2	8	5
6	5	7	2	8	4	1	3	9
3	7	5	6	9	2	8	1	4
8	2	1	4	5	3	7	9	6
4	9	6	7	1	8	3	5	2
1	3	2	9	4	5	6	7	8
5	6	4	8	7	1	9	2	3
7	8	9	3	2	6	5	4	1

EXTREME - 168

6	1	8	7	3	4	9	2	5
7	9	5	1	8	2	3	4	6
2	4	3	5	9	6	8	1	7
9	8	6	3	4	1	5	7	2
5	2	1	9	6	7	4	3	8
4	3	7	8	2	5	1	6	9
1	6	9	4	7	8	2	5	3
8	5	2	6	1	3	7	9	4
3	7	4	2	5	9	6	8	1

EXTREME - 169

4	2	3	6	1	5	9	8	7
6	7	9	2	8	3	1	5	4
5	8	1	7	4	9	2	3	6
3	6	8	4	7	2	5	9	1
9	4	2	5	3	1	7	6	8
1	5	7	8	9	6	4	2	3
7	1	5	3	2	8	6	4	9
8	9	6	1	5	4	3	7	2
2	3	4	9	6	7	8	1	5

EXTREME - 170

5	6	1	2	4	3	8	7	9
4	9	7	1	8	5	6	2	3
3	8	2	7	6	9	1	5	4
8	5	3	6	1	7	9	4	2
2	7	9	8	3	4	5	1	6
6	1	4	9	5	2	3	8	7
7	2	6	5	9	8	4	3	1
9	3	8	4	7	1	2	6	5
1	4	5	3	2	6	7	9	8

EXTREME - 171

5	7	2	1	3	4	6	9	8
3	6	1	9	8	5	4	2	7
4	8	9	2	7	6	1	3	5
6	9	3	7	1	8	2	5	4
1	4	7	5	9	2	3	8	6
8	2	5	6	4	3	7	1	9
9	3	4	8	6	1	5	7	2
7	5	6	3	2	9	8	4	1
2	1	8	4	5	7	9	6	3

EXTREME - 172

3	8	9	4	5	2	7	6	1
5	7	6	1	9	3	8	4	2
1	4	2	7	8	6	3	5	9
7	3	5	9	4	1	6	2	8
9	1	8	2	6	7	5	3	4
2	6	4	5	3	8	1	9	7
6	9	1	3	7	4	2	8	5
8	5	7	6	2	9	4	1	3
4	2	3	8	1	5	9	7	6

EXTREME - 173

9	5	1	7	3	6	2	4	8
2	7	6	8	4	5	1	3	9
3	4	8	9	1	2	6	5	7
1	2	7	4	5	3	9	8	6
8	3	4	6	7	9	5	2	1
6	9	5	2	8	1	4	7	3
5	8	3	1	6	4	7	9	2
4	6	2	3	9	7	8	1	5
7	1	9	5	2	8	3	6	4

EXTREME - 174

6	2	5	3	9	8	4	1	7
7	8	4	1	6	2	5	9	3
3	9	1	7	5	4	2	6	8
2	6	9	4	7	3	8	5	1
8	5	3	2	1	9	6	7	4
4	1	7	5	8	6	9	3	2
9	3	2	6	4	1	7	8	5
5	4	8	9	3	7	1	2	6
1	7	6	8	2	5	3	4	9

EXTREME - 175

2	4	6	8	9	1	5	7	3
9	1	3	7	4	5	6	8	2
8	5	7	3	2	6	1	4	9
7	2	1	5	8	9	4	3	6
4	8	5	6	1	3	9	2	7
3	6	9	2	7	4	8	1	5
5	9	8	1	3	2	7	6	4
6	7	2	4	5	8	3	9	1
1	3	4	9	6	7	2	5	8

EXTREME - 176

7	8	5	1	6	2	3	9	4
6	4	3	8	7	9	2	1	5
1	9	2	4	5	3	6	7	8
9	6	4	2	1	7	8	5	3
3	5	7	6	9	8	1	4	2
2	1	8	3	4	5	9	6	7
8	7	1	5	3	6	4	2	9
4	2	9	7	8	1	5	3	6
5	3	6	9	2	4	7	8	1

EXTREME - 177

9	5	7	6	1	3	2	4	8
4	6	1	9	8	2	7	3	5
3	2	8	7	5	4	6	9	1
8	4	5	3	7	9	1	2	6
6	7	2	1	4	8	3	5	9
1	9	3	5	2	6	8	7	4
2	3	9	8	6	5	4	1	7
7	8	4	2	9	1	5	6	3
5	1	6	4	3	7	9	8	2

EXTREME - 178

5	3	6	2	1	4	8	9	7
7	4	9	3	5	8	1	6	2
1	2	8	7	6	9	3	5	4
9	1	5	8	4	7	2	3	6
3	8	7	6	2	5	9	4	1
2	6	4	1	9	3	5	7	8
4	7	2	9	3	1	6	8	5
6	5	3	4	8	2	7	1	9
8	9	1	5	7	6	4	2	3

EXTREME - 179

1	8	5	9	3	6	2	7	4
6	4	9	7	5	2	3	1	8
7	2	3	1	4	8	9	6	5
4	1	2	3	6	7	8	5	9
3	5	7	8	9	4	1	2	6
8	9	6	2	1	5	4	3	7
2	6	8	4	7	3	5	9	1
5	3	1	6	8	9	7	4	2
9	7	4	5	2	1	6	8	3

EXTREME - 180

4	6	2	1	8	5	7	9	3
5	1	9	2	7	3	8	6	4
8	3	7	4	9	6	5	1	2
2	5	8	6	1	9	3	4	7
3	7	6	5	4	2	9	8	1
1	9	4	8	3	7	2	5	6
6	8	3	7	5	4	1	2	9
7	4	1	9	2	8	6	3	5
9	2	5	3	6	1	4	7	8

EXTREME - 181

5	1	3	8	9	6	7	2	4
6	9	4	2	5	7	3	8	1
7	2	8	1	3	4	9	5	6
3	8	9	6	4	1	2	7	5
2	4	6	5	7	9	1	3	8
1	7	5	3	2	8	4	6	9
9	3	1	7	8	5	6	4	2
8	6	7	4	1	2	5	9	3
4	5	2	9	6	3	8	1	7

EXTREME - 182

3	2	1	6	5	8	7	4	9
5	9	4	2	7	3	1	8	6
8	7	6	9	4	1	5	3	2
9	8	5	4	3	2	6	1	7
4	6	7	1	8	5	2	9	3
1	3	2	7	6	9	8	5	4
6	5	3	8	9	7	4	2	1
7	1	9	5	2	4	3	6	8
2	4	8	3	1	6	9	7	5

EXTREME - 183

9	6	3	8	1	5	7	4	2
7	8	5	6	4	2	3	1	9
1	4	2	9	7	3	6	8	5
2	7	9	5	3	8	4	6	1
4	3	6	7	2	1	9	5	8
5	1	8	4	9	6	2	3	7
8	5	4	2	6	9	1	7	3
3	2	7	1	5	4	8	9	6
6	9	1	3	8	7	5	2	4

EXTREME - 184

8	4	9	3	6	2	1	5	7
1	6	2	7	5	8	4	9	3
3	7	5	9	1	4	2	8	6
4	5	7	8	9	3	6	2	1
2	9	8	6	7	1	3	4	5
6	3	1	4	2	5	9	7	8
9	2	3	1	8	7	5	6	4
5	8	4	2	3	6	7	1	9
7	1	6	5	4	9	8	3	2

EXTREME - 185

1	6	9	4	5	7	3	8	2
2	4	3	1	6	8	7	9	5
8	7	5	2	3	9	6	1	4
4	5	1	7	8	3	2	6	9
9	3	8	5	2	6	4	7	1
6	2	7	9	4	1	5	3	8
7	9	4	3	1	5	8	2	6
3	8	2	6	9	4	1	5	7
5	1	6	8	7	2	9	4	3

EXTREME - 186

1	2	3	7	9	8	5	6	4
9	8	4	3	5	6	2	1	7
7	6	5	2	4	1	9	3	8
6	4	9	5	8	2	3	7	1
3	5	8	9	1	7	4	2	6
2	7	1	6	3	4	8	5	9
5	9	6	4	7	3	1	8	2
8	3	7	1	2	9	6	4	5
4	1	2	8	6	5	7	9	3

EXTREME - 187

5	7	4	2	9	6	3	1	8
2	9	8	3	1	5	4	6	7
3	1	6	7	4	8	9	2	5
4	2	1	5	3	7	6	8	9
7	8	5	9	6	4	1	3	2
6	3	9	8	2	1	5	7	4
8	4	7	1	5	3	2	9	6
9	6	3	4	8	2	7	5	1
1	5	2	6	7	9	8	4	3

EXTREME - 188

3	6	1	5	2	8	9	4	7
7	5	4	3	9	1	2	8	6
2	8	9	6	7	4	1	3	5
8	2	7	9	6	3	4	5	1
5	9	6	4	1	2	8	7	3
4	1	3	7	8	5	6	9	2
1	3	2	8	5	9	7	6	4
6	4	8	1	3	7	5	2	9
9	7	5	2	4	6	3	1	8

EXTREME - 189

8	9	2	4	7	6	3	5	1
1	7	5	8	2	3	4	9	6
4	6	3	1	5	9	2	7	8
6	3	1	7	4	8	9	2	5
7	5	9	6	3	2	8	1	4
2	8	4	9	1	5	7	6	3
5	2	6	3	8	7	1	4	9
3	4	7	5	9	1	6	8	2
9	1	8	2	6	4	5	3	7

EXTREME - 190

2	1	5	4	9	6	8	3	7
9	4	6	8	7	3	5	2	1
3	7	8	2	5	1	9	6	4
1	5	4	7	3	8	2	9	6
8	3	7	9	6	2	4	1	5
6	2	9	5	1	4	7	8	3
4	8	1	6	2	7	3	5	9
7	9	3	1	8	5	6	4	2
5	6	2	3	4	9	1	7	8

EXTREME - 191

4	3	5	8	6	7	2	1	9
8	2	1	5	9	4	7	6	3
9	7	6	1	2	3	8	4	5
3	4	8	6	5	2	9	7	1
1	6	2	9	7	8	5	3	4
5	9	7	3	4	1	6	8	2
7	1	4	2	8	9	3	5	6
6	8	9	4	3	5	1	2	7
2	5	3	7	1	6	4	9	8

EXTREME - 192

2	3	7	6	5	8	4	1	9
8	9	5	4	1	3	6	7	2
1	6	4	7	9	2	3	8	5
3	5	1	8	2	4	7	9	6
4	7	6	9	3	5	8	2	1
9	2	8	1	6	7	5	3	4
6	8	2	3	4	1	9	5	7
7	1	9	5	8	6	2	4	3
5	4	3	2	7	9	1	6	8

EXTREME - 193

5	9	4	7	2	1	8	3	6
3	8	6	5	9	4	2	1	7
1	2	7	8	3	6	4	5	9
4	5	9	3	6	2	7	8	1
7	3	8	9	1	5	6	2	4
6	1	2	4	7	8	5	9	3
9	6	3	2	5	7	1	4	8
8	7	5	1	4	9	3	6	2
2	4	1	6	8	3	9	7	5

EXTREME - 194

4	6	1	7	5	2	9	3	8
9	2	7	6	3	8	4	5	1
3	8	5	4	1	9	2	7	6
7	5	6	9	4	3	8	1	2
8	3	9	2	7	1	6	4	5
1	4	2	8	6	5	3	9	7
5	9	3	1	8	6	7	2	4
6	1	4	3	2	7	5	8	9
2	7	8	5	9	4	1	6	3

EXTREME - 195

2	1	9	5	7	8	6	4	3
5	3	4	2	1	6	9	7	8
6	7	8	9	3	4	5	1	2
7	2	3	6	4	5	8	9	1
8	9	6	3	2	1	7	5	4
1	4	5	8	9	7	2	3	6
9	6	2	4	5	3	1	8	7
3	5	7	1	8	2	4	6	9
4	8	1	7	6	9	3	2	5

EXTREME - 196

3	2	4	6	1	8	9	5	7
9	1	8	7	5	3	4	2	6
6	7	5	9	4	2	3	1	8
7	5	3	1	6	9	2	8	4
8	6	2	4	3	7	5	9	1
1	4	9	2	8	5	7	6	3
2	9	6	8	7	4	1	3	5
4	3	1	5	9	6	8	7	2
5	8	7	3	2	1	6	4	9

EXTREME - 197

5	6	3	9	1	7	8	4	2
1	7	2	3	8	4	6	9	5
8	4	9	5	6	2	7	3	1
9	8	5	2	3	6	4	1	7
2	1	7	4	5	8	9	6	3
4	3	6	7	9	1	5	2	8
6	5	4	8	2	3	1	7	9
3	9	1	6	7	5	2	8	4
7	2	8	1	4	9	3	5	6

EXTREME - 198

2	7	3	9	4	6	5	8	1
9	5	1	7	2	8	6	4	3
6	4	8	5	1	3	9	7	2
5	6	9	8	3	1	7	2	4
8	3	7	2	5	4	1	6	9
1	2	4	6	7	9	8	3	5
7	9	5	4	6	2	3	1	8
4	1	6	3	8	5	2	9	7
3	8	2	1	9	7	4	5	6

EXTREME - 199

6	7	2	3	4	8	9	5	1
5	4	8	7	1	9	3	6	2
9	3	1	5	6	2	8	4	7
8	6	5	9	3	7	2	1	4
4	9	7	2	5	1	6	8	3
2	1	3	6	8	4	7	9	5
3	5	9	1	7	6	4	2	8
7	2	4	8	9	5	1	3	6
1	8	6	4	2	3	5	7	9

EXTREME - 200

1	6	9	8	2	3	7	5	4
8	7	3	4	5	6	2	9	1
2	5	4	9	1	7	8	3	6
4	1	2	5	3	8	6	7	9
3	9	7	2	6	4	1	8	5
6	8	5	7	9	1	3	4	2
5	2	8	6	7	9	4	1	3
9	4	1	3	8	2	5	6	7
7	3	6	1	4	5	9	2	8

www.ingramcontent.com/pod-product-compliance
Lightning Source LLC
Chambersburg PA
CBHW080925220526
45465CB00008BA/2940

* 9 7 9 8 7 3 3 0 0 5 0 8 9 *